José Chiumbo Paiva

Fundamentos e requisitos da preparação de professores

José Chiumbo Paiva

Fundamentos e requisitos da preparação de professores

para o desenvolvimento das Olimpíadas de Matemática

ScienciaScripts

Imprint

Any brand names and product names mentioned in this book are subject to trademark, brand or patent protection and are trademarks or registered trademarks of their respective holders. The use of brand names, product names, common names, trade names, product descriptions etc. even without a particular marking in this work is in no way to be construed to mean that such names may be regarded as unrestricted in respect of trademark and brand protection legislation and could thus be used by anyone.

Cover image: www.ingimage.com

This book is a translation from the original published under ISBN 978-620-2-15416-1.

Publisher:
Sciencia Scripts
is a trademark of
Dodo Books Indian Ocean Ltd. and OmniScriptum S.R.L publishing group

120 High Road, East Finchley, London, N2 9ED, United Kingdom
Str. Armeneasca 28/1, office 1, Chisinau MD-2012, Republic of Moldova, Europe
Printed at: see last page
ISBN: 978-620-7-75674-2

Conteúdo

Sobre o autor

José Chiumbo Paiva nasceu na província do Huambo, na República de Angola. Licenciou-se em 2013 em Ciências da Educação, com especialização em Matemática, no Instituto Superior de Ciências da Educação do Huambo (ISCED-Huambo). Em 2017 obteve o grau de Mestre em Matemática Aplicada na Universidade Central "Marta Abreu" de Las Villas (UCLV) em Cuba. Desde 2017 é doutorando em Ciências da Educação na UCLV.

Ingressou no Sector da Educação em 2011, e atualmente lecciona na Escola de Magistério "Ferraz Bomboco" no Huambo, onde lecciona regularmente Matemática, Metodologia do Ensino da Matemática e Prática de Ensino.

A sua experiência de ensino inclui uma passagem pelo ISCED-Huambo como colaborador, onde leccionou Análise Funcional, Geometria Diferencial, Resolução Prática de Problemas de Matemática Elementar, Matemática I e II.

Aos meus pais;
Para Evalina Chilombo, a minha mulher;
Aos meus filhos;

Aos meus irmãos

Agradecimentos

Gostaria de agradecer ao MSc. Alambre Jose Pinto pela sua colaboração na preparação dos professores para o desenvolvimento das Olimpíadas de Matemática, especialmente ao Dr. Tomas Pascual Crespo Borges, ao Dr. Eric Tomas Crespo Hurtado e ao Dr. Guillermo Soler Rodriguez, pelas suas valiosas recomendações e críticas.

Resumo

A nível internacional, os resultados de Angola nas Olimpíadas de Matemática são muito fracos, e a nível nacional, na província do Huambo, estas competições não se realizam com a sistematicidade necessária. Este facto deve-se em grande parte a lacunas na formação teórica e metodológica dos professores.

Este livro fornece os fundamentos e os requisitos para a preparação dos professores, a fim de melhorar o seu desempenho no desenvolvimento das olimpíadas de matemática.

Comentário inicial

A educação tem assumido historicamente a missão de preparar o homem para a vida, de acordo com a tarefa social que lhe é proposta. Atualmente, o mundo atravessa uma profunda crise económica, situação que exige a formação de um homem capaz de encontrar rápida e criativamente soluções para os problemas políticos, sociais, económicos, científicos e ambientais do nosso tempo.

É o professor que tem a responsabilidade de contribuir para o desenvolvimento ideológico dos seus alunos, de assegurar o seu protagonismo em todas as actividades escolares e extra-escolares, para que se tornem pessoas capazes de acompanhar os novos tempos.

O educador tem de estar preparado para responder a novas necessidades pessoais e sociais e saber enfrentar e promover iniciativas face a novas contradições. A preparação dos professores e, consequentemente, a melhoria do seu desempenho profissional, é um problema de grande atualidade e relevância internacional, como a revisão da literatura demonstrou.

Em resposta a esta necessidade, o governo angolano aumentou o número de escolas de formação de professores e a capacidade de fornecer formação pré-serviço para a nova geração de professores.

Apesar de todos os progressos e esforços feitos pela educação angolana e pela preparação profissional dos seus professores, os objectivos propostos, nos quais a preparação profissional deve ocupar um lugar especial, não foram alcançados. Os professores estão confrontados com o desafio de encontrar formas de garantir a aprendizagem da matemática nos alunos, para enfrentar os desafios e resolver os problemas das diferentes esferas sociais num mundo globalizado, com uma forte crise e elevado desenvolvimento das TIC.

Os concursos de conhecimentos e competências provaram ser um meio eficaz de promover o interesse pela aprendizagem e de aumentar a qualidade do processo de ensino-aprendizagem em todos os tipos e níveis de ensino.

Por esta razão, em 2010 foi realizada a primeira Olimpíada Nacional de Matemática no país com a intenção de alcançar um aumento progressivo na qualidade da educação. No entanto, existem lacunas de ordem teórica e metodológica para o contexto angolano neste importante processo de formação de professores com o objetivo de melhorar o seu desempenho para o desenvolvimento das competições.

Este é um requisito para as actuais aspirações de Angola no sector da educação, pelo que, apesar dos esforços feitos e das mudanças introduzidas para se obterem melhores resultados no desempenho didático dos professores, ainda não se cumprem os requisitos para a preparação dos professores e das novas gerações através do papel dos concursos na educação.

Embora um regulamento para o desenvolvimento das "Olimpíadas de Matemática" tenha sido aprovado e atualizado em 2018 no Decreto Executivo n.º 03/18 de 15 de maio do Ministério da Educação, o cumprimento da legislação é deixado à espontaneidade dos professores, desde o desenvolvimento das competições até à preparação dos participantes.

O artigo 4.º do Regulamento das "Olimpíadas da Matemática" expressa os objectivos desta competição, que reconhece a importância do ensino da Matemática, o papel das competições na motivação dos alunos para o estudo desta disciplina, na deteção de jovens talentos, na melhoria da qualidade do ensino e da aprendizagem da Matemática, entre outros.

No entanto, os professores dos estabelecimentos de ensino responsáveis por esta tarefa não lhe dão a devida atenção. Isto deve-se, em grande medida, à falta de orientações e directrizes que sirvam de base para atingir os objectivos das "Olimpíadas da Matemática".

Esta situação é também influenciada pelo facto de os professores que leccionam a disciplina de Matemática e que são responsáveis pela organização dos concursos não terem tido qualquer formação pedagógica ou didática em Matemática.

Trata-se de um problema latente que conspira contra o próprio desenvolvimento dos concursos a partir da seleção e da preparação de alunos talentosos. Os aspectos seguintes constituem as principais dificuldades:

S Os testes Quiz são o principal instrumento para identificar os alunos com talento; além disso, a sua estrutura e o rigor dos problemas são os mesmos, independentemente do nível de competição.

Os exercícios propostos tanto nos testes como na preparação dos concorrentes estimulam mais o cálculo do que a resolução de problemas, e os conteúdos curriculares intra-matemáticos prevalecem sobre os problemas que estimulam a criatividade.

S Não existe uma classificação dos problemas que permita ao professor fazer uma seleção dos mesmos para a preparação dos testes e na própria preparação.

S Os professores não acompanham os alunos que venceram uma das fases do concurso e não utilizam formas adequadas de preparação.

S Nas várias etapas da primeira fase da "Olimpiada de Matemática" não são elaborados relatórios e nas outras fases são elaborados relatórios com características administrativas sem mencionar as principais dificuldades dos concorrentes na resolução dos exercícios.

O exposto acima revela a existência de contradições entre as aspirações do Ministério da Educação de Angola, e os resultados que estão a ser alcançados na atividade das competições de Matemática motivados principalmente pela falta de preparação dos professores para o desenvolvimento das mesmas. Consequentemente, com o exposto, o autor delineou neste livro os fundamentos e requisitos da preparação de professores para o desenvolvimento de Olimpíadas de Matemática.

O livro é constituído por cinco ep^grafes, onde são apresentadas as concepções teórico-metodológicas sobre a preparação do professor em geral e suas particularidades para o desenvolvimento de competições de Matemática, bem como o historial destas competições em Angola. É apresentada uma experiência de ensino do autor sobre a preparação de professores para o desenvolvimento de concursos de Matemática e são abordadas as principais componentes dos requisitos da preparação de professores para o desenvolvimento de Olimpíadas de Matemática. A parte final apresenta os desafios e as mudanças necessárias para melhorar o desempenho nas competições de Matemática no contexto da província do Huambo, na República de Angola.

CAPÍTULO 1

Concursos e olimpíadas de matemática, antecedentes e fundamentos

As olimpíadas do conhecimento são competições saudáveis e educativas que se realizam em quase todos os países, onde se avalia a preparação académica e o esforço dos alunos. Entre elas estão as Olimpíadas de Matemática, que, tendo um âmbito internacional, os países participantes podem ser agrupados por região, como as Olimpíadas Ibero-Americanas de Matemática, ou as Olimpíadas de Matemática da Comunidade dos Países de Língua Portuguesa (OMCPLP), que os reúne por língua.

Assim, as Olimpíadas de Matemática podem ser consideradas como uma competição equivalente a uma competição desportiva, em que os "atletas" são os alunos e os "técnicos e treinadores" são os professores. Para qualquer competição os "atletas" recebem uma preparação específica, que consiste, neste caso, em resolver problemas matemáticos individualmente ou em equipa, e para isso os "técnicos e treinadores" doseiam o treino para que os seus atletas desenvolvam capacidades lógicas de raciocínio matemático, criatividade e sociabilidade para o trabalho em equipa.

Para participar em olimpíadas internacionais, os jovens e adolescentes têm de percorrer o ciclo competitivo no seu país de origem, que se desenvolve de forma piramidal até culminar na competição a nível nacional. Neste sentido, a Hungria é considerada a iniciadora destas competições em 1894 e, desde então, até hoje, realizam-se em mais de uma centena de países, organizando olimpíadas de matemática, ou competições semelhantes com nomes diferentes.

Todos estes concursos, em maior ou menor grau, têm como objetivo principal estimular o estudo da matemática e o desenvolvimento de jovens talentos nesta ciência e na prática escolar. Os concursos de conhecimentos constituem uma componente motivadora para que alunos, professores e docentes estudem e aprofundem os temas em que se organiza esta atividade, pelo que se reconhecem alguns dos seguintes objectivos esperados:

• Incentivar a participação maciça dos alunos nas actividades do concurso, principalmente na sala de aula e nas fases escolares.

• Desenvolver o interesse pelo estudo, sistematizando, alargando, aprofundando e consolidando os conhecimentos e desenvolvendo as competências previstas nos programas.

• Ofereça incentivos que se transformem em actividades mentais agradáveis e estimulem o intelecto.

• Promover a qualidade da aprendizagem e a melhoria das taxas de promoção das disciplinas.

• Estimular moralmente o esforço e o trabalho de professores e alunos.

As Olimpíadas de Matemática são hoje amplamente conhecidas, tanto na comunidade matemática como na comunidade em geral, pelo impacto que tiveram e continuam a ter na transformação da forma como os alunos se percepcionam a si próprios, através da sua crescente confiança no conhecimento matemático, no poder criativo e na força do seu pensamento. Não menos importante é a forma como nós, professores e docentes, percepcionamos as nossas acções como formadores, em que medida conseguimos transformar os nossos alunos na sua preparação, tanto em conhecimentos matemáticos como na sua formação pessoal para se integrarem na sociedade.

As olimpíadas assumiram diferentes formas, desde os testes rápidos de escolha múltipla até às provas de investigação com várias semanas de duração, compostas por tarefas que se juntam ou conduzem a problemas abertos. Independentemente da forma e da dimensão dos problemas, a matemática é suficientemente ampla e flexível para que todos estes formatos permitam problemas que estimulem a capacidade do aluno para desenvolver o seu auto-aperfeiçoamento em matemática. Mesmo os testes de escolha múltipla (que permitem organizar concursos de participação maciça) dão a cada aluno a oportunidade de resolver problemas simples, mas intrigantes, colocados em circunstâncias familiares.

As formas de desenvolvimento das Olimpíadas de Matemática e das suas diferentes modalidades evoluíram ao longo da sua história, mas sempre com o objetivo de estimular o gosto por esta ciência.

CAPÍTULO 2

Antecedentes históricos do desenvolvimento dos concursos de Matemática em Angola

Angola alcançou a independência em 1975 com uma taxa de analfabetismo na ordem dos 85%, uma das mais elevadas do mundo (PNUD-Angola, 2002). Este era o resultado da política educativa segregacionista do regime colonial que vigorou durante quase cinco séculos. Esta dramática situação herdada levou o novo governo a estabelecer o Sector da Educação como uma das prioridades da sua política, como forma de consolidar a independência nacional e definiu-a como um direito baseado nos princípios da universalidade, livre acesso e igualdade de oportunidades.

Isto permitiu a redução da taxa de analfabetismo no país, já que os resultados finais do Censo de 2014 (o único realizado após a independência nacional) mostram que Angola tem uma taxa de alfabetização de 66%, com a zona urbana com 79% e a zona rural com 41%. Da mesma forma, outro documento oficial do governo publicado em abril de 2018, denominado Plano de Desenvolvimento Nacional 2018 - 2022, refere que nesse ano a taxa de alfabetização era de 75%.

Como o sector da educação era uma das prioridades da política do novo governo, gerou-se uma explosão escolar. De acordo com (Liberato, 2014), se a priorização da educação foi uma conquista, o acesso massivo tornou a gestão educacional mais complexa devido à degradação acelerada das infra-estruturas escolares. Inúmeras escolas foram fechadas, assim como bibliotecas, instalações sanitárias, ginásios e refeitórios. A situação foi agravada pela guerra civil, que teve um impacto negativo em todos os sectores do país, levando a questionar a qualidade do sistema educativo, especialmente tendo em conta que a maioria dos professores não tinha formação para o trabalho.

No Plano de Desenvolvimento Nacional 2018 - 2022, que já foi referenciado, o governo angolano reconhece que "o subsistema de ensino secundário (7.ª a 12.ª classes) enfrenta vários desafios, tais como a insuficiência de salas de aula e de professores para satisfazer a procura de ensino, bem como infra-estruturas deficientes. A falta de manuais e materiais didácticos também enfraquece a qualidade do ensino ministrado. (PNUD-Angola, 2002)

No entanto, entre a qualidade que justificava o carácter seletivo e discriminatório do ensino no regime colonial e a quantidade que garante a igualdade de oportunidades de acesso à escolaridade para todos os cidadãos, a população opta por esta última. Preferem que os alunos tenham aulas ao ar livre, à sombra de uma árvore, sentados no chão ou abrigados num alpendre abandonado, do que ter um número restrito de alunos em salas de aula convencionais e tecnologicamente bem equipadas (Mazula, 1995) citado por (Liberato, 2014).

A entrada no novo milénio trouxe consigo novas políticas para o sector da educação em Angola. Em setembro de 2000, após a chamada Cimeira do Milénio, que reuniu 189 países signatários deste documento, Angola iniciou um "profundo processo de revisão das políticas e estratégias que regulavam o sector" (PNUD-Angola, 2002), o que levou à elaboração da Estratégia Integrada para a Melhoria do Sistema Educativo (2001- 2015) e à aprovação, em 2001, da Lei de Bases do Sistema

Educativo, Lei n.º 13/01, de 31 de dezembro, sendo esta última actualizada em 2016 pela Lei n.º 17/16, de 31 de outubro, que foi aprovada pelo Ministério da Educação e Cultura (PNUD-Angola, 2002).13/01, de 31 de dezembro de 2001, sendo este último atualizado em 2016 pela Lei n.º 17/16, de 7 de outubro, e alterado novamente em 2020 pela Lei 32/20, de 12 de agosto. Estes dois documentos definem as reformas a implementar no sector da educação, cujos objectivos gerais são: 1° Alargar a rede escolar;

2° Melhorar a qualidade do ensino;

3° Reforçar a eficácia do sistema educativo; e

4° Estabelecer a equidade no sistema educativo.

No que respeita à melhoria da qualidade do ensino, os documentos de referência referem

• Reformulação profunda dos objectivos gerais da educação, dos programas escolares, dos conteúdos, dos métodos pedagógicos, das estruturas e dos meios pedagógicos adequados;

• Melhoria do ambiente pedagógico e de aprendizagem para os estudantes;

• Formação inicial e contínua de professores;

• Modernização e reforço da inspeção escolar;

• Melhorar a qualidade e a quantidade dos manuais escolares;

• Melhoria do trabalho metodológico e do ensino;

• Assegurar a participação da comunidade no trabalho escolar, ou seja, garantir a relação entre a escola e a comunidade;

• Redução do analfabetismo;

• Expansão do programa de recuperação.

Também estruturam o Sistema de Educação e Ensino, que é unificado e composto por quatro níveis de ensino e seis subsistemas de ensino.

Os níveis de ensino são:

• Educação pré-escolar;

• Ensino primário;

• Ensino secundário;

• Ensino superior.

Os subsistemas de ensino são:

• Subsistema pré-escolar;

• Subsistema de ensino geral;

• Subsistema do ensino técnico-profissional secundário;

• Subsistema de formação de professores;

• Subsistema de educação de adultos;

• Subsistema de ensino superior.

O Subsistema de Ensino Geral é a base do Sistema de Educação e Ensino. Estrutura-se em Ensino Básico e Ensino Secundário.

O Ensino Secundário Geral é o nível que se segue ao Ensino Básico e tem como objetivo garantir uma formação abrangente, harmoniosa e sólida, necessária para uma boa inserção no mercado de trabalho e na sociedade, bem como para o acesso aos níveis subsequentes.

O ensino secundário geral compreende dois ciclos de três classes e está organizado da seguinte forma:

S O I Ciclo do Ensino Secundário Geral compreende os 7º, 8º e 9º anos e é frequentado por alunos que tenham pelo menos 12 anos de idade no ano da matrícula;

S O II Ciclo do Ensino Secundário Geral compreende os 10º, 11º e 12º anos e é frequentado por alunos que tenham pelo menos 15 anos de idade no ano da matrícula.

Como já foi referido, um dos objectivos sociais visados pelo governo em Angola é o aumento progressivo da qualidade da educação. É por esta razão que, em 2010, foi realizado o primeiro concurso nacional de matemática no país, denominado "Olimpíadas de Matemática".

No início de julho de 2011 teve início em Coimbra - Portugal - a primeira Olimpíada de Matemática da Comunidade dos Países de Língua Portuguesa (OMCPLP), onde Angola é um participante regular. Os objectivos destas competições são:

• Melhorar a qualidade do ensino e descobrir talentos no domínio da matemática, nomeadamente para o desenvolvimento científico e tecnológico.

• Incentivar o estudo da matemática nos países "lusófonos".

• A criação de oportunidades de intercâmbio de experiências educativas entre nações;

• A união e a cooperação entre os países "lusófonos" para a criação de instrumentos que permitam a competição dos alunos numa olimpíada internacional para os países de língua portuguesa.

Embora a primeira Olimpíada de Matemática em Angola tenha sido realizada em 2010, a primeira pré-seleção nacional teve lugar em 2011, em resposta à necessidade de enviar estudantes angolanos para participarem nas OMCPLP a partir desse ano.

A partir desse momento, iniciou-se um processo de melhoria dos concursos angolanos de Matemática. A cada ano que passa, o concurso ganha em qualidade em termos de organização. Para o desenvolvimento destas competições, foi aprovado um regulamento em 2015 no Decreto Executivo nº142/15 de 26 de março, e atualizado em 2018 no Decreto Executivo nº 03/18 de 15 de maio, ambos do Ministério da Educação.

Os objectivos do concurso nacional "Olimpiadas de Matematica" estão definidos no artigo 4º do presente regulamento e são os seguintes

a) Reconhecer a importância do ensino da matemática;

b) Motivar os alunos para o estudo da disciplina de Matemática.

c) Contribuir para a melhoria do ensino da matemática.

d) Detetar jovens talentos em matemática.

e) Criar oportunidades de intercâmbio de experiências no domínio da matemática.

f) Seleção de estudantes para participarem em concursos internacionais de matemática

g) Melhorar a qualidade do ensino e da aprendizagem da matemática, principalmente para o desenvolvimento científico e tecnológico.

O concurso nacional "Olimpiadas de Matematica" destina-se a alunos de escolas públicas e públicas do ensino básico e do primeiro e segundo ciclos do ensino secundário. Isto significa que a idade dos concorrentes varia entre os 11 e os 16 anos, correspondendo ao 6º ano (alunos com 11 anos), 9º ano (alunos com 14 anos) e 11º ano (alunos com 16 anos).

De acordo com este regulamento, as regras de organização desta atividade são estabelecidas desde a sala de aula até ao nível nacional, onde o Ministério da Educação é responsável pelo desenvolvimento da atividade. Cada província pode candidatar-se a acolher a fase final, que deve incluir os directores provinciais e os vencedores de cada categoria (6º, 9º e 11º anos). As províncias serão representadas por seis alunos acompanhados por um professor (Coordenador da Disciplina de Matemática).

As "Olimpíadas de Matemática" são organizadas de forma escalonada em três fases:

• **1ª Fase:** Corresponde aos concursos a nível de turma e de escola, entre as diferentes escolas de um município e entre os vencedores de cada município (fase provincial).

• **2ª Fase:** Corresponde às pré-olimpíadas nacionais onde os vencedores de cada província competem para selecionar 18 estudantes para competir na fase seguinte.

• **3ª Fase:** Participam 21 concorrentes, sendo 18 alunos que passaram nas pré-olimpíadas e mais 6 da província que acolhe o evento. Nesta fase, são seleccionados um total de 9 vencedores, 3 para o 6º ano, 3 para o 9º ano e 3 para o 11º ano. De entre os melhores desempenhos do grupo da 11ª classe nesta fase, os alunos são seleccionados para participar em competições internacionais de Matemática, especialmente na OMCPLP, na qual Angola tem participado regularmente desde a sua criação em 2011.

Para cada uma destas fases, são definidas as responsabilidades e funções dos diferentes directores, o Diretor Provincial ou Secretário da Educação, o Diretor Municipal da Educação e o Diretor da Escola Pública ou Privada. Estas responsabilidades são a nível organizacional e incluem a promoção e divulgação das Olimpíadas de Matemática de acordo com o nível, a formação dos tribunais, a garantia do transporte das equipas municipais ou escolares, a realização da cerimónia de abertura, a entrega dos resultados dos vencedores ao nível superior e a sua divulgação de acordo com os prazos estabelecidos, entre outros.

No caso particular dos professores do Ensino Básico e dos professores de Matemática correspondentes ao I e II Ciclo do Ensino Secundário, são responsáveis por eles:

a) Explicar os regulamentos;

b) Motivar os alunos a participar no concurso;

c) Instruir os alunos sobre as regras a respeitar durante a preparação e o desenrolar do concurso.

Como se pode ver, as funções e precisões dadas ao professor para o seu desempenho no desenvolvimento e preparação dos alunos para as Olimpíadas de Matemática são muito breves.

No que diz respeito à composição dos júris a nível da escola e às suas funções, propõe-se que sejam compostos por três professores, um dos quais é o presidente e os outros dois são membros. O júri é responsável pela elaboração, aplicação e correção da prova. Para a prova, devem elaborar uma proposta de 6 problemas para a segunda fase, que deve ser enviada ao conselho municipal para aprovação. São também responsáveis pela divulgação dos resultados e pelo envio de um relatório sobre a 1ª fase.

A Comissão ou Tribunal Municipal dos concursos é presidida pelo Diretor da Área Educativa e pelo Coordenador Municipal da disciplina de Matemática. Um responsável pela atividade extraescolar da Comissão de País ou um responsável pela Educação podem também fazer parte. Este conselho a nível municipal, tal como o conselho a nível escolar, prepara, aplica e classifica a prova. Neste caso, devem elaborar uma proposta de 6 problemas para a 3ª fase, que deve ser enviada à direção provincial para aprovação. São também responsáveis pela divulgação dos resultados e pelo envio de um relatório sobre a 2ª fase.

Entretanto, a Comissão ou Tribunal Provincial desempenha as mesmas funções acima mencionadas, mas é composta pelo Chefe do Departamento Provincial de Educação, pelo Coordenador Provincial de Matemática, por um representante da Comissão do País responsável pela Educação e por um Tribunal Provincial nomeado pelo Diretor da Secretaria Provincial de Educação.

No caso particular do Júri Nacional de Seleção, este é composto pelo Diretor Nacional do Ensino Geral, por um especialista em Matemática do Subsistema de Ensino Geral, por um especialista do INADE (Instituto Nacional de Avaliação e Desenvolvimento da Educação) na disciplina de Matemática do Subsistema de Ensino Geral, por um especialista do Centro Provincial de Matemática de Luanda e por um Coordenador Provincial de Matemática (em regime de rotatividade) que deve manter a comunicação com os alunos da equipa correspondente à fase final do concurso.

Este conselho é responsável pela elaboração da prova de Matemática da Pré-Olimpíada e pelas indicações técnicas para a supervisão e aplicação da prova nas 17 províncias, com exceção da província que organiza a fase final. Deve selecionar os 18 melhores resultados (6 para cada uma das 3 classes) e apresentar os resultados.

Esta resolução especifica as funções dos presidentes dos conselhos, para cada um dos níveis e fases, bem como os critérios para a preparação e correção das provas. É com base nela que são seleccionados os alunos vencedores para fazerem parte da Pré-seleção Nacional de Matemática. São eles:

a)   Utilizar papel A4.

b)   Com uma caligrafia legível.

c)   Propor 5 (cinco) problemas.

d)   Deve ser resolvido em 120 minutos.

e)   O vencedor será aquele que tiver o maior número de respostas correctas dentro do tempo limite.

f)   No caso de haver alunos com a mesma pontuação, o exame deve ser revisto novamente e é dada prioridade àquele que demonstrar uma utilização notável do raciocínio lógico e de capacidades inovadoras de resolução de problemas.

Como se pode constatar, são poucos os critérios previstos para a preparação e correção dos testes a partir dos quais serão seleccionados os alunos mais talentosos em Matemática.

Este documento estabelece o regulamento para o desenvolvimento das Olimpíadas de Matemática em Angola, onde se descreve o processo com o objetivo de participar nas OMCPLP. Para este evento, cada país membro desenvolve competições nacionais após a preparação e pré-seleção dos concorrentes. Realiza-se anualmente e reúne, para competir na resolução de problemas matemáticos, quatro alunos do Ensino Secundário Geral com menos de 18 anos de idade mais dois professores Kderes destes grupos de cada país.

Apesar de Portugal e Brasil encabeçarem o quadro de medalhas pelo seu inegável desenvolvimento, os resultados de Angola são muito fracos, pois não correspondem aos esforços desenvolvidos pelo Estado no sector da Educação. Por outro lado, dentro de Angola, a província do Huambo é uma província com uma tradição de elevado desenvolvimento cultural em relação ao resto do país, e não tem estado representada na OMCPLP ou em qualquer outra competição internacional de Matemática.

Existem várias razões para estes fracos resultados em Angola e, para transformar esta realidade, podemos começar por analisar o que os países que têm bons resultados nestas competências estão a fazer e aplicar essas experiências de acordo com o contexto angolano, a este respeito Perez Almarales (2015) afirma que: "Segundo (Smith, 2008) citado por (Navarro Cendejas, 2016), os países com sucesso em olimpíadas internacionais têm alguns dos seguintes atributos: uma grande população, uma proporção significativa das suas populações em boas fórmulas educativas, uma infraestrutura de preparação bem organizada para apoiar competições matemáticas e uma cultura que valoriza a realização intelectual. Segundo este autor, a base para que os alunos talentosos se desenvolvam é ter ajuda para se prepararem individualmente para as competições, para o que, em alguns países, existem livros de alta qualidade e uma grande quantidade de recursos disponíveis na Internet, incluindo sítios especializados em olimpíadas.

Obviamente, Angola ainda não tem as condições objectivas e subjectivas de acordo com os atributos propostos por Smith, apesar de ter uma população de mais de 30 milhões de habitantes, de ter uma taxa de escolarização secundária e superior muito baixa em comparação com os países com sucesso nas olimpíadas internacionais, em consequência do colonialismo e de uma guerra que devastou o país (Angola só alcançou a paz efectiva em 2002). Assim, uma preparação baseada no auto-estudo, com livros de alta qualidade e abundantes recursos na Internet, está ainda longe da realidade angolana, mas não nos devemos resignar com os resultados alcançados.

Por isso, é necessário analisar o que fazer e procurar as nossas próprias soluções em termos das concepções e do modelo de preparação que temos, com os recursos disponíveis no país, para utilizar os concursos de conhecimento e as olimpíadas como um elemento motivador para melhorar a qualidade do ensino e obter melhores resultados nacionais e internacionais.

CAPÍTULO 3

A preparação de professores para o desenvolvimento de concursos de matemática na província do Huambo.

O governo angolano, através da Lei de Bases do Sistema Educativo de 2001, definiu como objectivos gerais da educação o desenvolvimento harmonioso das capacidades físicas, intelectuais, morais, cívicas, estéticas e laborais da geração jovem, de forma contínua e sistemática, que lhe permita elevar o seu nível científico, técnico e tecnológico, com vista a contribuir para o desenvolvimento socioeconómico do país.

A preparação de professores em Angola tem vindo a ganhar espaços significativos desde a Reforma Educativa de 2001, com o objetivo de se conseguir uma mudança educativa gradual, uma educação de qualidade no país para a implementação do modelo social ambicionado.

Em Angola, o processo de formação de professores está expresso na Lei n.º 17/16, de 7 de outubro, que constitui a lei de bases do Sistema de Educação e Ensino. Este sistema está estruturado em seis Subsistemas de Ensino, sendo o Subsistema de Formação de Professores o conjunto integrado e diversificado de órgãos, instituições, dispositivos e recursos destinados à preparação e qualificação de professores e outros agentes educativos para todos os outros subsistemas de ensino.

O subsistema de formação de professores está estruturado da seguinte forma:

a) Ensino Pedagógico Secundário.

b) Ensino Superior Pedagógico.

A Formação Pedagógica de Nível Secundário é o processo de formação inicial através do qual os futuros professores adquirem e desenvolvem conhecimentos, hábitos, competências, aptidões, capacidades e atitudes que lhes permitem o exercício da profissão docente na Educação Pré-Escolar, no Ensino Básico e no I Ciclo do Ensino Secundário Regular, na Educação de Adultos e na Educação Especial e, segundo critérios, o acesso ao Ensino Superior.

O ensino pedagógico secundário tem lugar após o final do 9.º ano e tem a duração de quatro anos em escolas de formação de professores, para dois anos de formação pedagógica profissional, consoante a especialidade, para pessoas que tenham concluído o segundo ciclo do ensino secundário. A formação contínua dos professores é essencialmente assegurada pelos centros de formação de professores ou por outros estabelecimentos de ensino autorizados para o efeito.

A Formação Pedagógica Superior é um conjunto de processos, desenvolvidos nas Instituições de Ensino Superior, que visam a formação de professores e outros agentes educativos, qualificando-os para o exercício da atividade e como suporte do ensino em todos os níveis e subsistemas de ensino.

A Formação Pedagógica Superior é frequentada após a conclusão do II Ciclo do Ensino Secundário ou equivalente, com uma duração de quatro a seis anos, dependendo das particularidades do curso, onde é necessário adquirir conhecimentos, capacidades, valores e práticas fundamentais dentro de um determinado ramo do saber e posterior formação profissional ou formação académica. Aos diplomados deste subsistema é atribuído o grau de Licenciado obtido na licenciatura, nos termos do artigo 68º do referido diploma.

Este subsistema é também responsável pelos estudos de pós-graduação a dois níveis que conferem o grau académico de mestre ou doutor, de acordo com o artigo 69. As instituições de ensino superior podem oferecer programas de pós-doutoramento, que não conferem grau académico, e que visam aprofundar, por parte dos candidatos, as competências para a realização de investigação.

O curso de pós-graduação, que não confere um grau académico, visa o aperfeiçoamento técnico da pessoa que passou por um dos níveis de formação de graduação e compreende:

a) Formação profissional, com cursos de duração variável.

b) Especialização com cursos de duração mínima de um ano, de acordo com as áreas de conhecimento.

Como se pode constatar, a formação de professores em Angola está legislada na referida lei, que contempla este processo numa perspetiva de formação contínua, partindo da formação inicial de licenciatura, até à formação pós-graduada. No entanto, é significativo o número de professores sem formação pedagógica que se encontram a exercer funções nos diferentes subsistemas. A preparação desses professores é uma necessidade e um desafio para a melhoria do Sistema de Educação e Ensino.

Borges (2019) reafirma que:

"As necessidades de preparação dos professores universitários (licenciados em carreiras não pedagógicas), que possuem insuficiências na preparação pedagógica e, em particular, no que se refere à formação de competências a partir das suas bases psicológicas e pedagógicas através de uma didática ajustada às exigências impostas à sua formação".

Um requisito incontornável para a melhoria do ensino em Angola é a preparação profissional dos professores. No entanto, as alternativas de preparação só por vezes são percebidas, ou restringem-se, ao plano nacional de formação cuja proposta se enquadra na formação académica em cursos de mestrado e doutoramento próprios do Ensino Superior Pedagógico.

Várias pesquisas têm sido realizadas e os resultados sistematizados por autores que têm trabalhado questões relacionadas com a melhoria do desempenho profissional pedagógico em Angola (Cardoso, 2012), (Caimbo, 2013), (Da Costa & Kunjiquisse, 2012), (Liberato, 2014), que mostram a necessidade de preparação e aperfeiçoamento dos professores para estes fins e têm permitido a identificação de carências para o desenvolvimento do desempenho profissional pedagógico.

Entre os problemas mencionados sobre a preparação está o facto de ser limitada e pouco sistemática, de os elementos didácticos e metodológicos não serem intencionalmente tidos em conta e de o conteúdo abordado ser restrito, sendo pouco utilizado para lidar com os problemas educativos, sociais e económicos que afligem o país.

Não menos distante destes problemas está a preparação dos professores de matemática do ensino secundário, que são responsáveis pela formação de novas gerações com um elevado nível científico, de acordo com as exigências do mundo contemporâneo.

Uma das suas tarefas é responder individualmente às necessidades de aprendizagem dos seus alunos, motivá-los para o estudo da matemática e para a participação nas Olimpíadas de Matemática. Este é atualmente um dos desafios a enfrentar, uma vez que exige um elevado nível de desempenho profissional, e as deficiências a este respeito são evidentes desde a própria formação inicial.

Com base na experiência de 12 anos do autor como professor na Escola Superior de Formação de Professores, onde foi convidado a dar seminários de formação para professores do ensino secundário em várias escolas do Huambo, nos seus intercâmbios com professores e gestores envolvidos no desenvolvimento das Olimpíadas de Matemática, na revisão dos regulamentos e relatórios apresentados pelo Ministério da Educação sobre o assunto, verificou-se que são evidentes os seguintes problemas e deficiências no desempenho dos professores em termos de

- A identificação do aluno sobredotado em Matemática a partir do processo de ensino-aprendizagem da disciplina nas escolas secundárias.
- Motivação dos alunos do ensino secundário para o estudo da matemática e para a participação em concursos.
- A falta de professores responsáveis pela preparação e acompanhamento dos alunos sobredotados nas escolas secundárias.
- A organização escolar não prevê uma atenção diferenciada para os alunos sobredotados, tendo em vista a sua participação no concurso de matemática do ensino secundário.
- Os professores não têm a preparação académica necessária para prestar uma atenção diferenciada aos alunos sobredotados.
- A auto-preparação é a principal forma de preparação dos professores para uma atenção diferenciada aos alunos sobredotados.
- A preparação dos professores para a formação dos concursos está incluída na preparação.

Para além de tudo isto, existem limitações em termos de preparação e de formação pós-graduada em relação ao problema colocado e, ao mesmo tempo, não são diretamente abordadas as limitações metodológicas com que se deparam os professores de matemática na participação em concursos.

No que diz respeito à preparação dos professores para o atendimento aos alunos competidores, Perez (2015) afirma que:

Os professores precisam de ser preparados para ensinar os conteúdos dos concursos de matemática, uma vez que não o receberam na sua formação e o número de cursos de pós-graduação nesta área é limitado. Por outro lado, não dispõem das bibliografias necessárias para a sua preparação, para além de não terem um programa que oriente o trabalho a realizar durante a preparação.

Em seguida, salienta a necessidade de

O preparador de professores prepara os professores das escolas no contexto, de um ponto de vista pedagógico e metodológico, o que inclui determinar como trabalhar para a realização de cada objetivo do programa. (Perez, 2015).

No artigo "Capacitacion del profesor que entrena para los concursos de matematica en la educacion media" os seus autores fazem observações importantes sobre as deficiências científico-metodológicas dos professores para desenvolverem um trabalho eficaz como formadores de concorrentes na província de Matanzas, Cuba, as quais, após a verificação de que existem no contexto educativo de Angola, foram tomadas pelo autor como linhas orientadoras para estruturar a preparação de professores de Matemática na atividade de concursos na província do Huambo:

> Na formação de professores de matemática, é necessário reforçar o trabalho sobre a formação competitiva e sobre os professores que trabalham em diferentes instituições de ensino através de: seminários de formação, preparação metodológica, aperfeiçoamento individual e diferentes formas de formação pós-graduada.

> O conhecimento dos procedimentos e estratégias heurísticos de resolução de problemas é limitado, o que leva a que não sejam atingidos os objectivos do nível no que respeita à compreensão independente de problemas matemáticos e à utilização insuficiente de modelos gráficos para apoiar a compreensão de textos.

> É necessário preparar os professores para a utilização de estratégias heurísticas gerais e particulares, quando os princípios gerais ou particulares conhecidos não são eficazes.

> A preparação metodológica dos professores de matemática nas escolas deve responder às necessidades de cada professor, a fim de o preparar para o seu desempenho profissional na sala de aula.

> Para o desenvolvimento do trabalho metodológico, podem ser utilizadas diferentes formas, consoante se trate de formas individuais ou colectivas. As actividades de preparação metodológica devem ser dominadas pela demonstração, pela modelação (com possibilidades de discussão) e pela reflexão, competências que favorecem a criatividade e o desenvolvimento profissional dos professores.

> Outra variante utilizada na preparação permanente dos professores de matemática é a realização de seminários de preparação sobre os conteúdos de uma disciplina no início de cada ano letivo. O objetivo essencial destes seminários é elevar o nível de preparação dos professores, tendo em conta as condições reais do diagnóstico dos professores no território, a conceção desta preparação responde a necessidades objectivas dos aspectos do conteúdo e das estratégias de ensino que devem ser utilizadas para que os alunos aprendam mais em cada ano.

> Devem ser organizadas outras actividades preparatórias em resposta a necessidades específicas de desenvolvimento educativo, tais como: auto-preparação, conferência especializada, seminário, workshop, debate científico e outras, incluindo trabalho metodológico.

Para que os professores de Matemática sejam bem sucedidos na formação dos alunos do Ensino Secundário que participam em concursos de Matemática, é necessário que dominem os conteúdos matemáticos e as estratégias e técnicas necessárias para gerir este processo de desenvolvimento do pensamento, de modo a que os alunos adquiram independência na resolução de problemas aritméticos.

A este respeito, salientam que:

Ao mesmo tempo, devem ser desenvolvidas acções destinadas à formação permanente de professores de matemática, aproveitando os espaços criados para o efeito: preparação metodológica em cada centro de acordo com as necessidades e potencialidades do professor, tarefas destinadas à auto-preparação individual, seminários concentrados de preparação de professores e as diferentes modalidades de formação pós-graduada (Carazo et al, 2016).

No caso particular da província do Huambo, o grupo de professores que leccionam

Matemática no Ensino Secundário é numeroso. Por outro lado, este grupo é heterogéneo quanto à sua formação, onde uma parte significativa não tem formação pedagógica ou didática em Matemática, e onde alguns têm formação universitária e outros não.

A este respeito, importa referir que antes da publicação do Decreto Presidencial n.º 160/18 de 3 de junho de 2018 (Estatuto da Carreira dos Agentes da Educação), o modelo educativo angolano permitia a entrada de profissionais no sector da educação. Apesar de, em alguns casos, estes professores terem recebido uma curta formação em algumas disciplinas didácticas antes de ingressarem, não é suficiente para desenvolver o trabalho docente com a eficiência desejada.

Estes factores conspiram, a partir da legislação do Sistema Educativo Angolano, para a conceção de um plano de preparação e formação profissional ou de especialização, uma vez que, de acordo com os regulamentos, apenas os diplomados de qualquer grau do Ensino Superior podem frequentar estes cursos.

Esta situação deu origem a opiniões particulares sobre as formas de seleção dos concorrentes, sobre a estrutura e a conceção das provas e sobre os diferentes critérios de avaliação dos alunos com talento. O resultado é que os concorrentes estão mal preparados para os testes na fase final dos concursos, quanto mais a nível internacional, onde as exigências em matéria de competências matemáticas são maiores.

Outros factores que afectam negativamente o fraco desempenho do Huambo a nível nacional são os seguintes

• A preparação dos alunos para a participação em concursos de matemática nas escolas do Huambo não é promovida nem estimulada a nível escolar.

• Nas diferentes etapas da primeira fase do concurso, não são elaborados relatórios ou relatorias como indicado para as duas fases superiores.

• Nas demais fases, são produzidos relatórios com características administrativas, sem mencionar as principais conquistas e dificuldades dos concorrentes na resolução dos problemas. Isto significa que não é possível acompanhar o concorrente na etapa ou fase seguinte, com base nos erros cometidos, ou seja, um diagnóstico deste e do próprio processo, bem como dos conteúdos mais afectados no Sistema Educativo.

• A publicação dos programas das provas não é autorizada. Isto significa que os formadores ou treinadores dos concorrentes não dispõem de recursos para melhorar o seu trabalho, nem têm controlo sobre a evolução de um processo concebido para fins educativos, limitando também os investigadores que poderiam contribuir para o seu enriquecimento.

Outra das contradições a serem enfrentadas é dada pelo próprio programa da disciplina de Matemática, que não possui uma adequada sistematização e preparação dos professores. Do mesmo modo, no que concerne ao dilema da educação matemática em Angola, (Gangula & Faustino, 2018) mencionam a insuficiente preparação didática, pedagógica e tecnológica dos professores, e a descontextualização dos currículos e planos de aulas como os problemas centrais a serem resolvidos para que se alcancem resultados superiores no âmbito educacional em geral.

Por outro lado, a maioria dos professores faz uma viagem diária de mais de 60 km para chegar aos seus postos de trabalho, uma vez que a grande maioria do pessoal docente reside no município do Huambo (principal centro urbano da província). Esta situação é agravada por uma rede de transportes públicos deficitária em alguns municípios e inexistente noutros, o que é económica, física e moralmente desgastante.

Para além disso, não há promoção de competências matemáticas elevadas para os cargos de coordenadores de matemática nas diferentes escolas do Huambo. Esta situação estende-se a outras disciplinas curriculares. É difícil de referir, mas é real. O nepotismo, o compadrio e os aspectos de ligação porítica ao partido dominante são relevantes. Entretanto, no ano de 2021, foi publicado o Decreto Presidencial n.º 93/21, de 16 de abril, que estabelece o perfil necessário para o exercício de cargos de direção nas instituições públicas de ensino, onde se regulamenta que os coordenadores devem ter formação específica na disciplina, curso ou área que vão coordenar e avaliação de desempenho positiva nos últimos cinco anos.

A este respeito, no seu trabalho (Cameira, Rodriguez e Garrta, 2018, p.72) referem que "um dos grandes males dos centros de ensino é que não temos no topo pessoas formadas para exercer o verdadeiro papel de pedagogos, transformadores de consciências, e capazes de mudar as práticas de ensino dos seus professores". No mesmo estudo, esses autores concluíram que 50% dos gestores não têm formação em ciências da educação, são nomeados por conveniência ou considerando o longo tempo de serviço como professor, o que prejudica o trabalho docente.

Esta perspetiva favorece a exclusão dos contributos dos professores com elevadas competências matemáticas no processo de melhoria do processo de ensino-aprendizagem desta disciplina. Apesar de em 2017 terem sido iniciadas reformas políticas onde, entre vários objetivos, sugerem uma participação mais inclusiva dos recursos humanos para o desenvolvimento sustentável do país, e de em 2021 ter sido publicado o Decreto que estabelece o perfil necessário para o exercício de cargos de direção em instituições públicas de ensino, não se registaram mudanças significativas a este respeito.

Por outro lado, o contexto nacional ainda não favorece uma educação com a qualidade desejada. Basta ver que, entre 2010 e 2015, menos de 9% do Orçamento Geral do Estado foi investido no sector da educação, segundo documentos oficiais do governo da República de Angola. Por outro lado, os relatórios conjuntos para os anos de 2016 a 2022 das organizações não-governamentais UNICEF, Ação para o Desenvolvimento Rural e Ambiental (ADRA), e Observatório Social e Político de Angola (OPSA), mostram que Angola investiu menos de 7% do seu orçamento geral no sector da educação durante este período, o que se traduz na taxa mais baixa em comparação com os outros países da região da África Austral.

Uma das consequências desta situação é a falta de instalações de ensino e a limitação do espaço físico para o ensino. Em média, um professor do ensino primário e secundário trabalha com grupos de 60 alunos.

No Plano Nacional de Desenvolvimento 2018 - 2022, é destacado que o subsistema de ensino secundário enfrenta vários desafios, como o número insuficiente de salas de aula e professores para atender à demanda por educação, bem como a existência de uma infraestrutura precária. Apesar de este documento ter estabelecido como uma das acções prioritárias a construção de mais escolas e salas de aula, com destaque para as regiões mais carenciadas, esta carência ainda não foi minimizada. A isto acresce o facto de a província do Huambo fazer parte desta realidade.

Nos seus relatórios de 2016 a 2022, as organizações filantrópicas ADRA, OPSA e UNICEF sublinham que ainda existem algumas inconsistências entre as prioridades políticas do governo no Plano de Desenvolvimento Nacional e a afetação financeira nos Orçamentos Gerais do Estado de 2013 a 2022.

Do ponto de vista de (Rodriguez e Hinojo, 2017) citado por (Cameira, Rodriguez e Garrta, 2018, p.72), "a melhoria da qualidade da educação passa por várias etapas, como a construção de novas estruturas escolares, o equipamento que as escolas devem possuir em correspondência com o seu nível de ensino, o controlo dessas instalações e, sobretudo, pessoal formado para enfrentar as exigências sociais".

O que fica claro do que foi dito acima é que é necessário preparar os professores para o desenvolvimento dos concursos de matemática na província do Huambo:

"Mesmo sem ter em conta os aspetos relacionados com os processos económicos e sociais que perturbam profundamente a condição e o desempenho do professor, muitos problemas mais diretamente ligados à sua formação nas componentes científica e pedagógica, comprometem o atual modelo de formação de professores, tornando-o improdutivo e desconexo na consecução dos seus objetivos". (Julião, 2020, p.10)

Para responder à necessidade de preparar metodologicamente os professores para o desenvolvimento dos concursos de Matemática, em abril de 2018, a Direção Provincial de Educação do Huambo confiou a tarefa de ministrar seminários de formação aos professores de Matemática, que foi confiada aos professores Alambre José Pinto e José Chiumbo Paiva.

Com base num diagnóstico feito aos professores pelo autor, no estudo dos conteúdos matemáticos exigidos nos concursos de Matemática e nas exigências didácticas e metodológicas para o seu tratamento, foram seleccionados os seguintes temas, por esta ordem:

1. Organização das Olimpíadas de Matemática à luz dos seus regulamentos.
2. Concursos de matemática na província do Huambo: um modelo pedagógico para o seu desenvolvimento.
3. O ensino de problemas, seus objectivos e métodos no processo de ensino-aprendizagem. Com exemplos de temas relacionados com os Concursos e Olimpíadas de Matemática do ensino secundário.
4. O tratamento metodológico dos exercícios e problemas de matemática. O programa heunístico geral, a sua utilidade para o trabalho consciente e ativo dos alunos na resolução de exercícios e problemas. A ênfase é dada aos temas relacionados com as competições matemáticas, que são:

- Geometria plana,
- Teona de números,
- Cálculo combinatório,
- Matemática financeira,
- Técnicas de demonstração de proposições matemáticas, e
- Situações matemáticas cujas soluções não correspondem totalmente aos

conteúdos estudados pelo aluno, mas com um nível de complexidade razoável para que estejam ao seu alcance.

Participaram nestes eventos um total de 35 professores; 2 supervisores pedagógicos da Direção Provincial de Educação e os restantes 33 são os coordenadores da disciplina de Matemática das Zonas de Influência Pedagógica (ZIP), e os coordenadores da disciplina de Matemática do I e II Ciclos do Ensino Secundário em cada município.

Um dos objectivos era que estes coordenadores servissem como formadores de professores e concorrentes na sua função, uma vez que uma ZIP é uma rede de escolas primárias que fazem parte de um município e são coordenadas a partir de uma escola de referência no distrito.

O primeiro seminário teve lugar na segunda quinzena de maio de 2018, aproveitando a pausa pedagógica dos alunos no final do primeiro período do calendário escolar. O outro seminário com as mesmas oficinas, exceto o modelo pedagógico, mas com maior grau de aprofundamento, foi realizado na segunda edição dos seminários no mesmo período.

Cada um destes eventos teve lugar em 5 dias úteis da semana, com uma duração de 40 horas, das quais 36 horas foram dedicadas ao ensino e 4 horas às sessões de abertura e encerramento.

Apresentações dos workshops e dos resultados dos seminários de preparação dos professores

O tema 1: *Organização das Olimpíadas de Matemática à luz dos seus regulamentos*, permitiu aos participantes nos ateliers compreender esses regulamentos, o que constitui um dos factores de desenvolvimento das competições com a sistematicidade necessária.

No tópico 2: *Concursos de Matemática na província do Huambo: um modelo pedagógico para o seu desenvolvimento*, os participantes nos workshops estudarão as componentes mais relevantes dos requisitos de preparação dos professores para o desenvolvimento do concurso de Matemática, que são detalhadas na secção seguinte.

A apresentação e discussão dos workshops do tema 3, relativo ao ensino de problemas, seus objectivos e métodos no processo de ensino-aprendizagem, desenvolveu nos participantes as competências para a conceção de métodos de ensino eficazes na condução da formação dos alunos concorrentes e, em geral, no desenvolvimento de uma aula de matemática.

A este respeito (Haydt, 2011, p. 214) salienta que o método de ensino baseado em problemas permite:

• "Estimular a participação dos alunos na construção do conhecimento, desencadeando a sua atividade mental, através da mobilização dos seus esquemas operatórios de pensamento.

• Desenvolver o raciocínio e a reflexão.

• Favorecer a aquisição de conhecimentos, permitindo a sua aplicação em situações práticas de resolução de problemas.

• Facilitar a transferência da aprendizagem através da aplicação dos conhecimentos a novas situações.

• Desenvolver a iniciativa na procura de novos conhecimentos, na tomada de decisões e na resolução de problemas".

Na apresentação e discussão relacionadas com *o tratamento metodológico de exercícios e problemas matemáticos, e com o programa heunístico geral*, os participantes familiarizaram-se com problemas típicos de competições matemáticas, bem como apropriaram-se de conhecimentos que aguçam a capacidade de resolver exercícios e problemas em que é necessária a aplicação produtiva ou criativa dos conhecimentos matemáticos anteriores ou do seu engenho criativo para a resolução de uma situação-problema que lhes é nova. Fundador deste:

"O professor de altas habilidades deve ter algumas das mesmas características e habilidades de seus alunos superdotados e, nesta linha, indicou que os professores que trabalham com alunos com talentos especiais também devem ter habilidades especiais e conhecimentos sobre as características particulares dessas crianças que facilitam o seu desenvolvimento pessoal, social e académico". (Feldhusen, 1997) citado por (Conejeros-Solar, Gomez-Arizaga e Osorio, 2011, p.397).

Durante as palestras de encerramento dos seminários de formação, os professores expressaram a sua satisfação tanto com a iniciativa da Direção Provincial de Educação como com os temas desenvolvidos nestes eventos. Ficaram muito gratos e ao mesmo tempo satisfeitos com a dupla orientação do dia, ou seja, a possibilidade de ter acesso a palestras e também de participar com contribuições para melhorar o desempenho dos nossos concorrentes nas Olimpíadas de Matemática e do trabalho docente em geral.

[a]De salientar que uma das realizações destes seminários de formação foi a conquista de uma medalha de ouro por um concorrente da 9ª classe da província do Huambo na 8ª edição do concurso nacional "Olimpiadas de Matematica".

CAPÍTULO 4

As componentes dos requisitos de preparação dos professores para o desenvolvimento de concursos de matemática

Como possível solução para os problemas na preparação de professores para o desenvolvimento de concursos de matemática (DCM) na província do Huambo, foi necessário determinar os requisitos para a preparação de professores (EPD).

Os componentes mais relevantes da EPD são:

1. A identificação de alunos sobredotados nas Olimpíadas de Matemática.
2. A tipologia dos problemas nas Olimpíadas de Matemática.
3. A estrutura das provas das Olimpíadas de Matemática.
4. Critérios de medição para a identificação de alunos sobredotados nas Olimpíadas de Matemática.
5. Os relatórios resultantes das Olimpíadas de Matemática.
6. A atenção educativa diferenciada e a preparação de alunos sobredotados para as Olimpíadas de Matemática.

O fluxograma seguinte mostra a relação entre os 6 elementos acima referidos e que constituem a base da DAP proposta.

Componentes do EPD para o DCM.

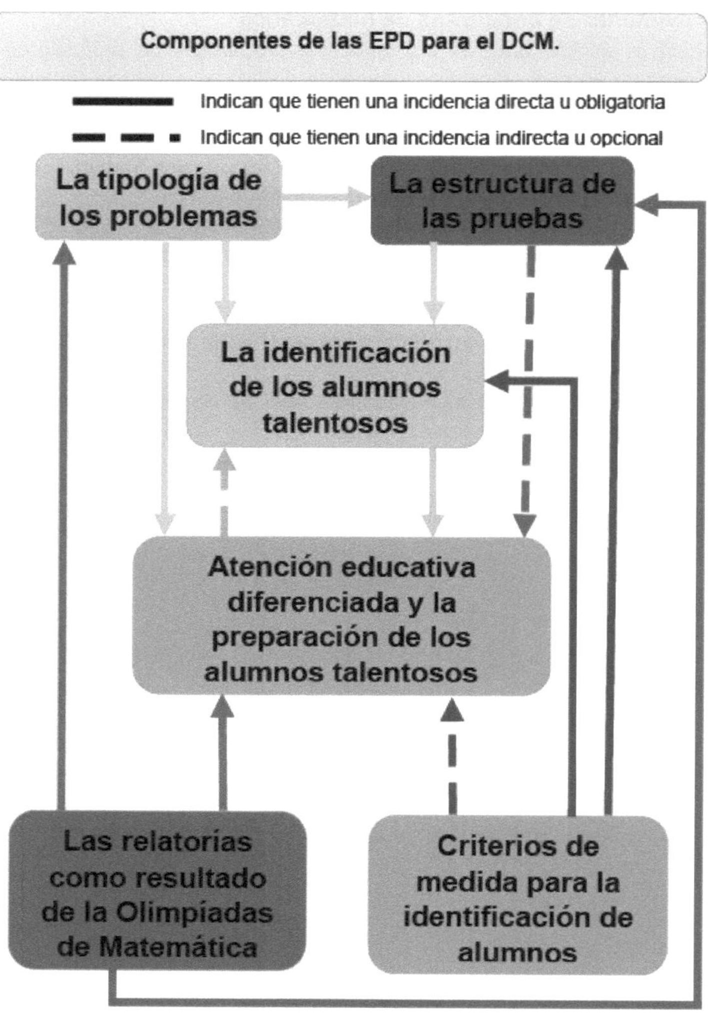

Indicar que têm um impacto direto ou obrigatório
Indicar que têm um impacto indireto ou facultativo
A tipologia dos problemas A estrutura dos testes
Identificar os alunos com talento
O atendimento educativo diferenciado e a preparação dos alunos sobredotados
Os relatórios resultantes das Olimpíadas da Matemática
Critérios de avaliação para a identificação dos alunos

1. Identificar os alunos sobredotados em Matemática

Identificar corretamente os alunos talentosos não é uma tarefa fácil, mesmo que se pretenda fazê-lo logo nos testes das Olimpíadas, que começam no início do ano letivo, onde os professores podem não conhecer bem os seus alunos.

A caraterística dos sujeitos matematicamente sobredotados segundo (Werdelin, 1958) citado (Susana & Jhonny, 2014).

"...é a capacidade de compreender a natureza da matemática, dos problemas, dos símbolos, dos métodos e das regras; a capacidade de os aprender, de os reter na memória e de os reproduzir em combinação com outros problemas, símbolos, métodos e regras; e a competência para os utilizar na resolução de tarefas matemáticas".

Em termos de metodologia, a identificação de alunos talentosos nas Olimpíadas de Matemática baseia-se principalmente no desempenho em concursos e testes, em que é avaliada a aplicação de competências matemáticas, a resolução de problemas e o raciocínio lógico. Além disso, os resultados podem ser considerados em conjunto com o historial de participação em competições anteriores e outros factores relevantes para determinar o talento matemático de um aluno.

É importante notar que os fundamentos teóricos e metodológicos podem variar consoante o país e as políticas das Olimpíadas de Matemática. Diferentes organizações e competições podem ter abordagens ligeiramente diferentes para a identificação e seleção de alunos talentosos. Mas, em geral, a identificação de alunos dotados nas Olimpíadas de Matemática assenta numa base teórica e metodológica. Algumas delas são mencionadas de seguida:

S Desempenho excecional em Matemática: Os alunos sobredotados que participam nas Olimpíadas de Matemática têm geralmente um desempenho excecional na disciplina. Têm uma compreensão alargada dos conceitos matemáticos e demonstram competências superiores na resolução de problemas difíceis.

Pensamento lógico e criatividade matemática: Os alunos sobredotados demonstram um pensamento lógico avançado e são capazes de aplicar conceitos matemáticos de forma criativa para resolver problemas complexos. Têm uma forte compreensão das estruturas e padrões matemáticos e são capazes de estabelecer ligações entre diferentes áreas da matemática.

S *Capacidade de resolver problemas adicionais*: Os alunos sobredotados das Olimpíadas de Matemática são capazes de resolver problemas adicionais para além do currículo escolar. Estes problemas exigem frequentemente um raciocínio lógico mais profundo, uma maior capacidade de abstração e generalização, bem como abordagens não convencionais para a resolução de problemas.

S *Competências de trabalho em equipa*: Embora as Olimpíadas de Matemática sejam essencialmente uma competição individual, os alunos talentosos têm também de demonstrar competências de trabalho em equipa em determinados contextos, como nas provas de estafetas. A colaboração eficaz, a comunicação matemática clara e a capacidade de partilhar ideias são valorizadas nestes cenários. Esta capacidade não foi tida em conta no nosso trabalho, mas pode vir a sê-lo no futuro para estar em sintonia com as tendências internacionais.

Em geral, quando se fala de talento matemático, a ênfase é colocada na capacidade de aplicar os seus conhecimentos e os procedimentos matemáticos que receberam na educação geral de uma forma criativa (Palacios, 2006).

Assim, o sucesso ou insucesso do processo de identificação de alunos sobredotados em Matemática a partir das Olimpíadas dependerá fundamentalmente das características do teste aplicado aos alunos. A esse respeito (Prieto et al, 2002) afirmam:

"Os ambientes de avaliação devem satisfazer um certo número de requisitos: integrar os conteúdos curriculares e os materiais de avaliação concebidos para avaliar as competências nas diferentes inteligências (conhecimentos, aptidões, atitudes e estilos de trabalho).

Do que foi dito, pode inferir-se que a tipologia de problemas constitui um recurso essencial para a identificação de alunos talentosos através da sua resolução, quer no seu processo de preparação, quer nas provas das olimpíadas de acordo com cada um dos níveis competitivos. Para o seu estudo, e com o intuito de incluir problemas que contemplem simultaneamente os conteúdos matemáticos curriculares e que valorizem e estimulem a criatividade, a classificação de problemas proposta para o EPD é apresentada na epígrafe seguinte.

2. A tipologia dos problemas nos concursos de Matemática

Quando falamos de problemas matemáticos, não nos referimos à versão banalizada dos exercícios de texto, também conhecidos como "problemas de palavras". O que é um problema matemático?

Existem várias definições disponíveis na literatura; muitas delas assumem visões do que é um problema, que criam um sabor duro. Transmitem a sensação de que um problema é algo como uma armadilha. Por exemplo, para (Cruz, 2006) citado por (Nieto, Lizarazo & Carrasco, 2015) o termo problema refere-se a situações verdadeiramente complexas, capazes de potenciar o desenvolvimento do pensamento dos alunos, e de proporcionar formas de atuação para enfrentar os desafios da ciência, da tecnologia e da vida quotidiana. Tais situações^ são difíceis de encontrar na prática educativa.

Outro autor que tentou definir o termo problema matemático é (Miguez, 2002). Este autor afirma no seu trabalho que "um problema matemático é uma situação real ou fictícia que desafia a compreensão concetual, e não apenas o conhecimento de um tema tratado na atividade de aprendizagem da matemática; exige uma reestruturação na forma de abordar a situação colocada e os limites dos procedimentos conhecidos, e procura gerar conexões sobre conhecimentos variados". Para este autor, um problema não tem limite de tempo, pode ser resolvido rapidamente, ou pode nunca ser resolvido.

De acordo com (Nieto, Lizarazo & Carrasco, 2015), quem faz uma interessante revisão de autores que tentaram definir e caraterizar o termo problema é (Pino, 2013). Este autor apresenta uma tabela que sintetiza diferentes contribuições sobre as características que uma atividade matemática deve ter para ser considerada um problema, e na qual se destacam as seguintes:

S A necessidade de ter um objetivo que não podemos alcançar facilmente com um processo imediato;

S Dúvidas e/ou bloqueios gerados pela situação levantada ou pela falta de um método claro que conduza à solução;

Aceitar o desafio conscientemente, a fim de alcançar o que pode ser considerado pelo resolvedor como um desafio pessoal, e

S Utilização de conceitos e processos matemáticos.

A abordagem dos problemas para as olimpíadas de matemática deve ser estruturada de forma a que os alunos possam adquirir um conhecimento mais refinado da matemática, permitindo-lhes vislumbrar uma perspetiva promissora de uma possível solução correcta através de formulações ou conjecturas. Para além disso, estes problemas devem ser estruturados de forma a que o aluno possa compreender todas as etapas da solução.

Como classificar os problemas matemáticos? Muitos autores propuseram classificações de actividades e problemas matemáticos. Começando com G. Polya, em 1945, com o seu conhecido livro "How to solve it", podemos continuar a citar (Ballester et al, 1992), (Blanco, 2001) e (Angel M^guez, 2002) que classificam os problemas matemáticos de acordo com diferentes critérios.

A classificação de Polya retoma a distinção feita pelos gregos, entre teorema e problema. Este matemático menciona apenas dois tipos de problemas: "problema a resolver" e "problema a provar", o critério de distinção refere-se ao objetivo do problema. As partes que constituem o problema são diferentes consoante o caso, num problema a resolver estão a incógnita, os dados e a condição, e num problema a provar estão a hipótese e a conclusão.

A maioria dos autores consultados faz esse tipo de classificação, considerando apenas duas categorias. Por exemplo, (Niss, 1991) classifica os problemas matemáticos em problemas aplicados e puros, (Noda, 2001) e (Santos, 2014) classificam-nos em problemas "bem estruturados" e "mal estruturados".

Esta última tipologia refere-se à estrutura e à formulação do problema. Para estes autores, os problemas bem estruturados são aqueles que encontramos nos manuais escolares, onde toda a informação necessária para a sua resolução está contida no enunciado, as regras para encontrar a solução correcta são claras e existem critérios definidos para a verificação da solução. Os problemas mal estruturados são aqueles que não apresentam uma estrutura bem definida e em que a informação pode ser insuficiente ou excessiva, o que obriga à sua reformulação, para além do facto de a sua solução exigir a consideração de diferentes processos e critérios.

Outra classificação baseada em duas categorias é a de Pehkonen (1997) citado por (Nieto, Lizarazo & Carrasco, 2015). Este autor classifica os problemas matemáticos em problemas abertos e fechados. Esta distinção refere-se ao grau de precisão da descrição das situações de partida e de chegada. Num problema fechado, o início e o fim são exatamente explicados na tarefa. Se a situação de partida ou de chegada estiver em aberto, então temos um problema aberto e caracterizam-se pela possibilidade de existirem diferentes estratégias de solução.

No entanto, temos de considerar que nenhuma classificação pode ser exaustiva, uma vez que há sempre intersecções entre as diferentes secções e há actividades que são difíceis de catalogar, dada a diversidade de problemas que podem ser propostos a diferentes níveis e com diferentes conteúdos.

Sabe-se que a Matemática é uma ciência dedutiva, que se ocupa do estudo das propriedades de entidades abstractas, bem como das conexões e relações que existem entre elas. Assim, "o raciocínio matemático é por excelência um raciocínio hipotético-dedutivo, embora o raciocínio indutivo desempenhe também um papel fundamental na atividade matemática, uma vez que preside à formulação de conjecturas" (Programa de Matemática A - Ensino Secundário de Portugal, 2013).

Com base no que precede, propõe-se uma primeira classificação dos problemas das Olimpíadas de Matemática em dois tipos para o seu estudo:

Problema olímpico eminentemente dedutivo (POED): aquele cuja solução é construída a partir da combinação de propriedades matemáticas já ensinadas ao aluno desde o nível primário até o nível em que ele se encontra, ou seja, neste problema o aluno deve aplicar de forma produtiva ou criativa os conhecimentos matemáticos anteriores para a solução de uma situação-problema que lhe é nova. Exemplos:

Problemas de geometria plana ou espacial que combinam diferentes figuras numa única figura.

Problemas de álgebra que combinam equações de diferentes graus.

Demonstrações de propriedades matemáticas não rotineiras a partir de propriedades conhecidas.

Problema olímpico eminentemente indutivo-dedutivo (POEID): é aquele cujo caminho de solução não corresponde inteiramente aos conteúdos estudados pelo aluno, mas com um nível de complexidade razoável para que esteja ao seu alcance; neste caso o aluno deve aplicar não só os conhecimentos matemáticos prévios, mas também o seu engenho criativo, chegando ao chamado pensamento lateral ou a soluções por meio de estratégias ou algoritmos não convencionais. Exemplos:

• Problemas que conduzem o aluno à resolução de situações problemáticas que constituem proposições ou propriedades estudadas num ramo específico da matemática.

• Problemas cuja solução induz o aluno a generalizar através da construção de propriedades matemáticas que favoreçem a sua demonstração.

É necessário especificar que, para ambos os tipos de problemas propostos, estes devem ser interessantes, originais e não devem ser muito semelhantes aos que o concorrente pode ou não ter resolvido na sua preparação, de modo a que não tenha uma ideia a priori de uma solução.

Uma das funções dos problemas olímpicos, eminentemente dedutivos, é diagnosticar o processo de ensino e aprendizagem (PEA) da matemática em cada nível de escolaridade. Para além da deteção do aluno sobredotado, deve ser dada atenção aos conteúdos intra-escolares, a fim de detetar as principais dificuldades enfrentadas a esse nível, o que permitirá conceber acções didácticas mais adequadas.

Por outro lado, esta tipologia de problemas permite verificar a solidez da apropriação dos conhecimentos por parte dos alunos, bem como incentivar os professores a cumprirem os programas e os conteúdos programáticos da disciplina de Matemática concebidos pelo Ministério da Educação.

É igualmente importante sublinhar que contribuem para o desenvolvimento do pensamento lógico e abstrato dos alunos, da sua capacidade crítica e criativa, através da assimilação de conceitos e métodos matemáticos, teoremas e respectivas provas.

Para além de ajudar a diagnosticar o grau de solidez dos conhecimentos adquiridos pelos alunos até ao nível em que se encontram, os problemas empíricos de tipo indutivo-dedutivo estimulam a sua criatividade e espírito independente, bem como os orientam para uma maior independência cognitiva.

Este tipo de problema é típico das provas das Olimpíadas Internacionais de Matemática, permitindo a identificação de talentos como é habitual, mas nem sempre garante a motivação dos alunos para o estudo desta disciplina, uma vez que a resolução de tais exercícios, em muitos casos, exige mais engenho do que conhecimentos profundos, o que tem o risco de induzir o aluno a pensar que a matemática das Olimpíadas é diferente da que é ensinada nas escolas.

A utilização desta classificação tem vários objectivos:

1. *Descrição e comunicação:* A classificação permite que os organizadores olímpicos e os participantes tenham uma noção clara do tipo de problemas que podem esperar na competição. Ajuda a comunicar e a descrever os problemas com maior exatidão.

2. *Diversidade e equilíbrio:* A classificação garante a existência de uma variedade de problemas no concurso, desde problemas mais rigorosos centrados na dedução lógica e na aplicação dos conhecimentos adquiridos até problemas mais exploratórios que exigem um raciocínio indutivo-dedutivo. Isto permite avaliar diferentes competências e abordagens de resolução de problemas.

3. *Desenvolvimento de competências matemáticas:* A triagem permite aos participantes desenvolver e melhorar as suas capacidades esperadas de raciocínio e de aplicação do que aprenderam (lógico-dedutivo) e de raciocínio indutivo-dedutivo. Ao enfrentar problemas de ambos os tipos, os alunos podem reforçar diferentes aspectos do seu pensamento matemático.

As vantagens desta classificação incluem:

• O relatório apresenta uma descrição clara e estruturada dos problemas que se colocam aos participantes e aos organizadores dos Jogos Olímpicos.

• Permite uma avaliação mais equilibrada das competências matemáticas dos participantes.

• Favorece o desenvolvimento de várias capacidades de raciocínio matemático.

As desvantagens podem incluir:

• A classificação pode ser algo subjectiva e os problemas podem ter elementos dedutivos e indutivos-dedutivos.

• Alguns participantes podem ter preferência ou preferência por um dos tipos de problemas, o que pode influenciar os seus resultados.

• Pode limitar a diversidade na escolha e conceção dos problemas.

O diagrama seguinte sintetiza o que foi dito sobre a caraterização da tipologia dos problemas propostos para as provas das Olimpíadas de Matemática.

Caracterização dos tipos de problemas para as provas das Olimpíadas de Matemática

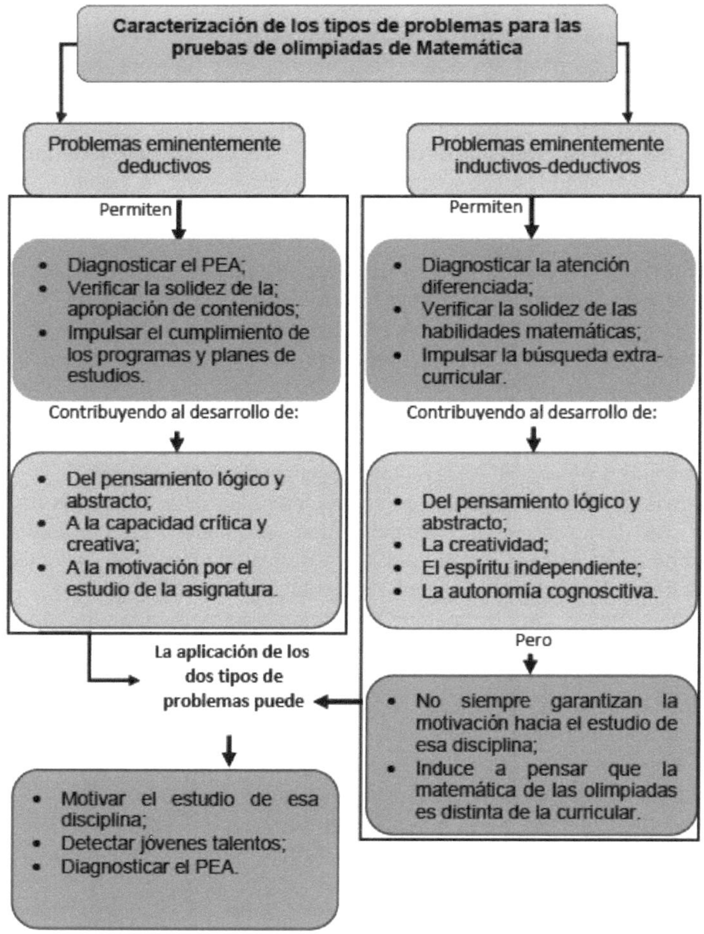

Problemas eminentemente dedutivos
Problemas eminentemente indutivos-dedutivos
Permitir Permitir
"Motivar o estudo desta disciplina; ∀ Detetar jovens talentos; ∀ Diagnosticar o PAA.
∀Nem sempre garante a motivação para estudar a disciplina; ∀ Induz as pessoas a pensar que a matemática das Olimpíadas é diferente da do currículo.
A aplicação dos dois tipos de problemas pode
Mas
" Pensamento lógico e abstrato; " Criatividade; ∀ Espírito independente;
∀ Autonomia cognitiva.
Contribuir para o desenvolvimento de:
"Diagnosticar a atenção diferenciada; ∀ Verificar a força das competências matemáticas; ∀ Incentivar a investigação extra-curricular.

Contribuir para o desenvolvimento de:

"Diagnosticar a ASP; ∀ Verificar a solidez da; apropriação dos conteúdos;

∀ Promover o cumprimento dos programas e currículos.

∀ Ao pensamento lógico e abstrato; ∀ À capacidade crítica e criativa; ∀ À motivação para o estudo da matéria.

3. A estrutura das provas dos concursos de Matemática

Na conceção destes SPU, as provas das Olimpíadas não devem ser vistas como meros instrumentos de medição das competências matemáticas dos concorrentes; sugere-se que sejam encaradas como um processo de avaliação. A este respeito (Prieto et al, 2002) referem que:

"A avaliação deve ser orientada para o processo e não para o produto, pois permite-nos obter informações valiosas do aprendente à medida que este realiza uma atividade no contexto curricular. O perfil individual das inteligências do aluno deve ser traçado de forma a detetar as suas competências, bem como possíveis lacunas ou deficiências".

No seu trabalho (Michailuk & Nicodemo, 2015) afirmam que se nos centrarmos especificamente nos exames ou testes como instrumentos de avaliação, podemos efetuar dois tipos de análise. Um, considerando as características do teste independentemente da resolução particular por um aluno: o número de problemas que tem, a concatenação de itens, o comprimento, etc. O segundo tipo de análise consiste em analisar as questões pós-implementação, ligadas à correção e à avaliação: o tipo de respostas permitidas, a forma como essas diferentes respostas são classificadas, etc.

Estes autores referem ainda que, no planeamento de uma avaliação ou na conceção de instrumentos de avaliação, devem ser considerados os seguintes aspectos na sua construção:

- A distribuição dos conteúdos e das tarefas,
- A sequência dos problemas,
- A avaliação das respostas e,
- Correção e feedback.

Esta linha de pensamento conduz à adoção de uma estrutura de provas para cada fase da Olimpíada, de modo a que, no processo de realização da prova, se obtenha informação sobre as potencialidades e fragilidades dos alunos, com vista a contribuir para a melhoria da ASP de Matemática e da própria Olimpíada.

A este respeito, convém recordar que o número de problemas para a prova da Olimpíada e o tempo concedido para a sua resolução estão definidos nas alíneas b), c), d), e) e f) do artigo 20° do Regulamento das Olimpíadas de Matemática. No entanto, propõe-se aqui uma estrutura da prova que, do ponto de vista didático, ajuda a atingir os objectivos da própria Olimpíada, sem afetar o estabelecido no artigo 20°.

Em seguida, é proposta uma estrutura para os testes em termos de dosagem dos tipos de problemas olímpicos:

- Para as olimpíadas de estudantes intragrupo: 80% dos problemas olímpicos eminentemente dedutivos e 20% dos problemas olímpicos eminentemente indutivos-dedutivos.

• Para as olimpíadas intergrupos: 80% dos problemas oKmpicos eminentemente dedutivos e 20% dos problemas oKmpicos eminentemente indutivos-dedutivos.

• Para as Olimpíadas interescolares (municipais): 60% dos problemas olímpicos de tipo eminentemente dedutivo e 40% de tipo eminentemente indutivo-dedutivo.

• Para as Olimpíadas intermunicipais (provinciais): 40% dos problemas olímpicos de tipo eminentemente dedutivo e 60% de tipo eminentemente indutivo-dedutivo.

A menor proporção de problemas olímpicos eminentemente indutivos-dedutivos é para não correr o risco do que já foi dito sobre induzir o aluno a pensar que a matemática das olimpíadas é diferente da que é ensinada nas escolas, uma vez que este tipo de problemas exige mais engenho do que conhecimentos matemáticos profundos.

Por outro lado, a maior proporção de problemas oKmpicos eminentemente dedutivos pode ajudar no diagnóstico das ASP de Matemática, detetar alunos talentosos e servir de base para a preparação das Olimpíadas onde a exigência recai geralmente sobre os problemas oKmpicos eminentemente indutivos-dedutivos, pois, embora este tipo de problemas não exija elevados conhecimentos de Matemática, exigem bases sólidas mesmo ao nível em que se realiza a Olimpíada.

Considera-se ainda que a combinação dos dois tipos de problemas olímpicos (eminentemente dedutivo e eminentemente indutivo-dedutivo), para além de ajudar no diagnóstico do grau de solidez dos conhecimentos adquiridos pelos alunos até ao nível em que se encontram, estimula neles a criatividade e o espírito independente, bem como os encaminha para uma maior autonomia cognitiva.

Como se pode verificar, a estrutura das provas para as "Olimpíadas de Matemática" tem um carácter gradual e progressivo, definindo para cada um dos níveis as quantidades que devem estar presentes de acordo com a tipologia dos problemas propostos. Isto pode ajudar na avaliação da PEA de Matemática no contexto angolano, detetar alunos talentosos e servir de base para a preparação das olimpíadas internacionais.

3.1. Exemplos de testes dos concursos de matemática POED e POEID.

Esta secção apresenta exemplos de duas provas para as "Olimpíadas de Matemática" do 11º ano, que combinam na sua estrutura problemas olímpicos principalmente dedutivos (POED) e problemas olímpicos principalmente indutivos-dedutivos (POEID), e a gradação da sua complexidade nas duas fases do concurso.

TESTE 1: Fase intragrupo ou intergrupo

1. $2023 = (n - 2)^{n}(n + 1)^{n-1} + 23.$ Suponha que Determina o valor de $n, (n \in \mathbb{Z}^{+}).$

2. Considere-se um polígono convexo de nove lados, em que as medidas dos seus ângulos internos constituem uma progressão aritmética de razão igual a 5°.
Qual é o maior ângulo do polígono?

3. Mostrar que um número natural *n* de trezentos algarismos, constituído por cem algarismos 0, cem algarismos 1 e cem algarismos 2, nunca pode ser um número primo.

4. Os números

$$A = \sqrt{4 + \frac{2}{3}\sqrt{7}} + \sqrt{4 - \frac{2}{3}\sqrt{7}} \quad y \quad B = \sqrt{57 - 40\sqrt{2}} - \sqrt{57 + 40\sqrt{2}}$$ são

inteiros. Determinar $(A + B)^2$.

5. (OBMEP, 2017) Na soma seguinte, cada letra representa um número. Determina o valor de ÁGUA.

GOTA + GOTA + GOTA + GOTA + GOTA = ÁGUA

Neste teste, os primeiros quatro exercícios podem ser considerados como POEDs e o último pode ser considerado como um POEID.

Para resolver este exercício, precisamos de decompor o número 2023 em produto e soma ao mesmo tempo e, com algum engenho criativo, obter o valor de n, como se segue:

$$2023 = 2000 + 23$$

Decompondo 2000 em factores primos, obtemos que $2000 = 2^4 \times 5^3$.

Evidenciando um engenho criativo, verifica-se que

$$3 = 4 - 1$$

$$2 = 4 - 2$$

$$5 = 4 + 1$$

onde se pode "descobrir" que $n = 4$.

Vejamos uma forma de resolver *o exercício 2*. Para isso é necessário que o concorrente domine algumas propriedades dos polígonos convexos e das progressões aritméticas, bem como os métodos de resolução de sistemas de equações lineares do tipo 2×2.

No programa da disciplina de Matemática em Angola, o tema das *progressões aritméticas* é abordado na décima primeira classe, e as outras situações matemáticas que são necessárias para a resolução do exercício, como veremos a seguir, são estudadas nos níveis adequados. Vejamos:

$A = \{a_1, a_2, a_3, \ldots, a_9\}$ *Consideremos uma progressão aritmética (PA) de razão* $r = 5^o$.

$$a_n = a_1 + (n - 1)r \implies a_9 = a_1 + (9 - 1) \cdot 5^o \implies a_9 = a_1 + 40^o \quad (1)$$

A soma dos ângulos internos de um polígono convexo é dada por $S = (n - 2) \cdot 180°$, *onde n é o número de lados. ₉Então, a soma S dos ângulos internos de um polígono convexo com 9 lados é*

$$S_9 = (9 - 2) \cdot 180^o \implies S_9 = 1260^o \quad (2)$$

A fórmula para calcular a soma dos n termos de um PA é

$$S_n = \frac{(a_1 + a_n) \cdot n}{2}$$

Daí que

$$S_9 = \frac{(a_1 + a_9) \cdot 9}{2} \quad (3)$$

Substituindo (1) e (2) em (3), obtém-se

$$1260^o = \frac{(a_1 + a_9) \cdot 9}{2} \qquad \Longrightarrow a_1 + a_9 = 280^o \quad (4)$$

Resolvendo o sistema formado pelas equações (1) e (4) ,

$$\begin{cases} a_9 = a_1 + 40^o \\ a_1 + a_9 = 280^o \end{cases}$$

obtém $a_1 = 120^o$ y $a_9 = 160^o$.

Solução: O maior ângulo é 160°.

Como se pode ver, a solução foi construída a partir da combinação de propriedades matemáticas já ensinadas ao aluno desde o nível primário até ao nível em que se encontra atualmente.

No caso do *exercício 3*, que também pode ser considerado como POED, embora no Ensino Secundário não seja feito o tratamento metodológico das *técnicas de demonstrações de teoremas*, o aluno já aprendeu vários teoremas ou propriedades matemáticas elementares e as suas demonstrações até ao décimo primeiro ano. Por outro lado, o conceito de número primo e os critérios de divisibilidade no conjunto $\scriptstyle T+$ dos números inteiros positivos é um tema já estudado no sexto ano.

Para chegar à solução deste exercício, o concorrente pode aplicar de forma produtiva ou criativa os conhecimentos matemáticos anteriores da seguinte forma:

A soma de todos os algarismos do número natural de trezentos algarismos n
formado por 100 zeros, 100 uns e 100 dois é

$$S = 100 + 200 = 300$$

que é um múltiplo de 3. Portanto, qualquer que seja a forma que dermos ao número n, ele será um múltiplo de 3 e, portanto, não será um número primo.

Quanto ao *exercício 4*, pode ser resolvido da seguinte forma:

$$A = \sqrt{4 + \frac{3}{2}\sqrt{7}} + \sqrt{4 - \frac{3}{2}\sqrt{7}} \Longrightarrow A^2 = \left(\sqrt{4 + \frac{3}{2}\sqrt{7}} + \sqrt{4 - \frac{3}{2}\sqrt{7}} \right)^2$$

$$A^2 = 4 + \frac{3}{2}\sqrt{7} + 2\sqrt{\left(4 + \frac{3}{2}\sqrt{7}\right)\left(4 - \frac{3}{2}\sqrt{7}\right)} + 4 - \frac{3}{2}\sqrt{7}$$

$$A^2 = 8 + 2\sqrt{16 - \frac{9 \times 7}{4}} \Longrightarrow A^2 = 8 + 2\sqrt{\frac{64 - 63}{4}}$$

$$\Longrightarrow A^2 = 8 + 2\sqrt{\frac{1}{4}} \Longrightarrow A^2 = 9 \Longrightarrow A = -3 \text{ ó } A = 3$$

$$\sqrt{4 + \tfrac{3}{2}\sqrt{7}} > 0 \quad y \quad \sqrt{4 - \tfrac{3}{2}\sqrt{7}} > 0 \ ,$$

A análise que se segue: permite concluir que

$$\sqrt{4 + \frac{3}{2}\sqrt{7}} + \sqrt{4 - \frac{3}{2}\sqrt{7}} > 0,$$

portanto, $A = 3$.

$$B = \sqrt{57 - 40\sqrt{2}} - \sqrt{57 + 40\sqrt{2}} \implies B^2 = \left(\sqrt{57 - 40\sqrt{2}} - \sqrt{57 + 40\sqrt{2}}\right)^2$$

$$B^2 = 57 - 40\sqrt{2} - 2\sqrt{\left(57 - 40\sqrt{2}\right)\left(57 + 40\sqrt{2}\right)} + 57 + 40\sqrt{2}$$

$$B^2 = 114 - 2\sqrt{57^2 - 40^2 \times 2}$$

$$B^2 = 114 - 2\sqrt{49} = 100$$

$$B = -10 \quad \acute{o} \quad B = 10$$

Uma análise mostra que

$$\sqrt{57 - 40\sqrt{2}} < \sqrt{57 + 40\sqrt{2}}$$

ou seja

$$\sqrt{57 - 40\sqrt{2}} - \sqrt{57 + 40\sqrt{2}} < 0,$$

Então, $B = -10$.

Por conseguinte, $(A + B)^2 = (3 - 10)^2 = 49$

O exercício 5 é um exemplo de situações matemáticas cujo caminho de solução não corresponde totalmente aos conteúdos estudados pelo aluno, onde o aluno deve mostrar mais engenho criativo do que conhecimentos matemáticos profundos.

Uma solução possível é ÁGUA = 5175, considerando A=5, T=3 , U=7, 0=0 e G=1, ou seja, 1035+1035+1035+1035+1035 = 5175.

TESTE 2: Fase inter-escolar (municipal) ou intermunicipal (provincial)

1. Qual é a soma dos quatro divisores primos do número $K = 2^{16} - 1?$

2. $a^3 - b^3 = 24$ y $a - b = 2.$ [2]Determine o valor numérico de $(a + b)$.

3. O lado, a altura e a área de um triângulo equilátero inscrito numa circunferência formam, por esta ordem, uma progressão geométrica. Calcular o raio da circunferência.

4. $\forall\, a, b, c \in \mathbb{R},$ Prova de que é válido que

$$a^2 + b^2 + c^2 \geq ab + ac + bc$$

5. (OPM, 2016) Os números naturais são coloridos a verde ou a azul de modo a que:

*   A soma de um verde e de um azul é azul;
*   O produto do verde e do azul é verde.

Quantas maneiras há de colorir os números naturais com estas regras, de modo a que 462 seja azul e 2016 seja verde?

Neste segundo teste, os três primeiros exercícios podem ser considerados como POEDs, e os dois últimos como POEIDs. Vejamos os procedimentos de resolução de cada exercício:

<u>Resolução do exercício 1:</u>

$$K = 2^{16} - 1$$
$$K = (2^8 - 1)(2^8 + 1)$$
$$K = (2^4 - 1)(2^4 + 1)(2^8 + 1)$$
$$K = (2^2 - 1)(2^2 + 1)(2^4 + 1)(2^8 + 1)$$
$$K = (2 - 1)(2 + 1)(2^2 + 1)(2^4 + 1)(2^8 + 1)$$
$$K = 1 \times 3 \times 5 \times 17 \times 257$$

$_d$A soma S dos divisores primos de K é

$$S_d = 3 + 5 + 17 + 257 = 282$$

Resolução do exercício 2:

$$a^3 - b^3 = (a - b)(a^2 + ab + b^2)$$

$$24 = 2\,(a^2 + ab + b^2)$$

$$a^2 + ab + b^2 = 12 \qquad (1)$$

$a - b = 2 \quad \Rightarrow a = 2 + b,$ Substituindo esta expressão em (1),

Obtém-se

$$(2 + b)^2 + (2 + b)b + b^2 = 12$$

$$4 + 4b + b^2 + 2b + b^2 + b^2 = 12$$

$$3b^2 + 6b - 8 = 0$$

Da equação quadrática, obtemos

$$b_1 = -1 + \frac{\sqrt{17}}{3} \quad \text{ó} \quad b_2 = -1 - \frac{\sqrt{17}}{3}$$

$$a_1 = 2 + b_1 = 1 + \frac{\sqrt{17}}{3} \quad \text{e} \quad a_2 = 2 + b_2 = 1 - \frac{\sqrt{17}}{3},$$ Daí, a *solução S.*

da equação quadrática são dois casos:

$$S_1 = \left\{ \left(1 + \frac{\sqrt{17}}{3}, -1 + \frac{\sqrt{17}}{3} \right) \right\}$$

$$S_2 = \left\{ \left(1 - \frac{\sqrt{17}}{3}, -1 - \frac{\sqrt{17}}{3} \right) \right\}$$

Desenvolver o binómio

$$(a + b)^2 = a^2 + 2ab + b^2 = a^2 + ab + b^2 + ab = 12 + ab$$

Para o caso S_1 , temos:

$$(a_1 + b_1)^2 = 12 + a_1 b_1$$

$$12 + \left[-\left(1 + \frac{\sqrt{17}}{3} \right)\left(1 - \frac{\sqrt{17}}{3} \right) \right]$$

$$12 + \left[-\left(1 + \frac{\sqrt{17}}{3} \right)\left(1 - \frac{\sqrt{17}}{3} \right) \right]$$

$$12 - \left(1 - \frac{17}{9} \right) = \frac{116}{9}$$

Para o caso $S2$, temos:

$$(a_2 + b_2)^2 = 12 + a_2 b_2$$

$$12 + \left[-\left(1 - \frac{\sqrt{17}}{3} \right)\left(1 + \frac{\sqrt{17}}{3} \right) \right]$$

$$12 - \left(1 - \frac{17}{9} \right) = \frac{116}{9}$$

Solução: $(a + b)^2 = \frac{116}{9}$

<u>Resolução do exercício 3:</u>

Mar $P = \{lado, altura, area\} = \left\{ l, \frac{l\sqrt{3}}{2}, \frac{l^2\sqrt{3}}{4} \right\}$

Como P é uma progressão geométrica, então

$$\frac{\frac{l\sqrt{3}}{2}}{l} = q \quad (1)$$

Y

$$\frac{\frac{l^2\sqrt{3}}{4}}{\frac{l\sqrt{3}}{2}} = q \quad (2)$$

Da expressão (1) resulta que

$$q = \frac{\sqrt{3}}{2}$$

Da expressão (2) resulta que

$$q = \frac{l}{2}$$

Mais tarde, $l = \sqrt{3}$

$r = \frac{2}{3}$ 'O raio de um círculo inscrito num triângulo é a *altura*

Substituindo a altura nesta expressão, obtém-se:

$$r = \frac{2}{3} \cdot \frac{l\sqrt{3}}{2} \implies r = \frac{2}{3} \cdot \frac{\sqrt{3} \cdot \sqrt{3}}{2} \implies r = 1$$

Solução: O raio da circunferência mede 1.

<u>Resolução do exercício 4</u>:

Demonstração: Let $a, b, c \in \mathbb{R}$.

$$\left. \begin{array}{l} \forall\, a, b, \in \mathbb{R}, \ (a-b)^2 \geq 0 \\ \forall\, a, c \in \mathbb{R}, \ (a-c)^2 \geq 0 \\ \forall\, b, c \in \mathbb{R}, \ (b-c)^2 \geq 0 \end{array} \right\} \implies \begin{array}{l} a^2 + b^2 - 2ab \geq 0 \\ a^2 + c^2 - 2ac \geq 0 \quad (1) \\ b^2 + c^2 - 2bc \geq 0 \end{array}$$

Adicionando membro por membro no sistema (1), ele permanece:

$$2(a^2 + b^2 + c^2) - 2(ab + ac + bc) \geq 0$$

Mais tarde,

$$a^2 + b^2 + c^2 \geq ab + ac + bc \qquad \square$$

<u>Resolução do exercício 5</u>:

Em primeiro lugar, verificamos que o número 1 deve ser pintado de azul. $1 \times A = A,$ De facto, se 1 é verde, dado um número azul A, concluímos, de acordo com a segunda regra, que A é verde, o que é falso. Portanto, 1 tem de ser azul.

$_2$Sejam v_1 e V dois números pintados de verde, então, usando a primeira regra e o facto de 1 ser azul, $v_1 + 1$ é um número azul. $_{2222}$Assim, pela segunda regra, $V \times (V1 + 1) = V1 \times V + V$ é verde, donde se conclui que $V1 \times V$ também é verde, para não contradizer a primeira regra. Este argumento, juntamente com a segunda regra, prova que o produto de um número verde por qualquer outro número natural é sempre verde. Por outras palavras, todas as multiplicações de um número pintado de verde são números pintados de verde.

Seja v o menor de todos os números naturais de cor verde. $v \neq 1.\ v \neq 2.$ $462 = 2 \times 231$ Já vimos que Podemos facilmente argumentar que Porque se 2 fosse verde, então também teria de ser verde, o que não é o caso. De forma análoga, $v \neq 3.$

$v,\ 2v,\ 3v, \dots, kv, \dots,$ Sabemos que , são todos os números pintados de verde. Mostremos agora que estes são os únicos números naturais pintados de verde. Pela definição de v, sabemos que todos os números naturais menores que v

$$1, 2, \ldots, v - 2, v - 1$$

1 são azuis. Se adicionarmos v a cada um destes números naturais, obtemos os números

$$v + 1, v + 2, \ldots, 2v - 2, 2v - 1$$

também são todos azuis, de acordo com a primeira regra. Assim, mostrámos que todos os números naturais estritamente contidos entre v e $2v$ são azuis. Adicionando novamente v, mostramos que todos os números naturais estritamente contidos entre $2v$ e $3v$ são azuis. Assim, fica demonstrado que os únicos números naturais pintados de verde são as multiplicações de v.

$2016 = 2^5 \times 3^2 \times 7$ Para pintar os números naturais de acordo com o enunciado, então temos de escolher um número natural v que divide 2016 mas não divide 462. O número tem 36 divisores, todos da forma:

$$2^a \times 3^b \times 7^c \text{ , con } a \in \{0,1, \ldots ,5\} \text{ , } b \in \{0,1,2,3\} \text{ y } c \in \{0,1\}.$$

Destes 36 divisores, há 8 que também são divisores de $462 = 2 \times 3 \times 7 \times 11$.

$$2^a \times 3^b \times 7^c \text{ , con } a \in \{0,1\} \text{ , } b \in \{0,1\} \text{ y } c \in \{0,1\}.$$

Solução: Existem 36 - 8 = 28 números naturais v nas condições dadas e cada um destes números naturais v define uma forma de representar os números naturais que respeita as regras do enunciado.

As provas 1 e 2 são apenas exemplos de como combinar na sua estrutura os dois tipos de *problemas eminentemente dedutivos* e *eminentemente indutivo-dedutivos*. Deve ter-se em conta que para a construção de uma prova de Olimpíada de Matemática, para ambos os tipos de problemas, os problemas devem ser interessantes, originais, que não podem ser muito semelhantes aos que o concorrente pôde ou não resolver na sua preparação, de tal forma que não tenha uma ideia clara da sua solução a priori.

4. Indicadores de medida para a identificação de alunos sobredotados em concursos de matemática.

Existem vários modelos que têm indicadores concebidos para a identificação de alunos sobredotados. De acordo com (Renzulli, 2015) citado por (Garrta, Torres & Torres, 2016), os resultados científicos das últimas décadas apoiam a ideia de um sistema mais alargado de identificação de alunos com elevadas capacidades intelectuais. A maioria dos investigadores e dos profissionais concorda que uma única pontuação num teste de inteligência ou de aproveitamento já não é suficiente. A primeira e mais importante decisão que deve ser tomada em relação à implementação de um modelo de identificação deve ser qual a conceção ou definição de elevada capacidade intelectual a ser adoptada numa determinada escola e qual a atenção que se pretende dar.

Por seu lado, (Williams, 1981) citado por (Ramos Palacios, 2006) afirma que "os indivíduos talentosos são definidos no contexto em que actuam e que o talento é relativo e depende de variáveis geográficas, temporais e culturais que mudam consoante a época".

No que diz respeito à seleção dos jovens com aptidões matemáticas das Olimpíadas realizadas em Angola, é de salientar que a alínea e) do artigo 20º do regulamento das Olimpíadas de Matemática estipula que são vencedores os concorrentes que obtiverem o maior número de respostas correctas dentro do tempo estipulado e cuja pontuação seja igual ou superior a 65% do total, conforme se pode verificar no ponto 3 do artigo 7° do referido regulamento.

Este critério é típico de uma competição, mas, do nosso ponto de vista, não é suficiente para identificar jovens talentos em matemática, porque, como sabemos, vencedor não é sinónimo de talento. Por outro lado, este critério pode permitir aos organizadores das Olimpíadas, em cada uma das suas fases, desviarem-se em relação à identificação dos talentos actuais e valorizarem os talentos em matemática.

A prática indica que a falta de critérios de avaliação pode levar os professores que atuam como júris das diferentes etapas da Olimpíada a qualificar os concorrentes apenas medindo as respostas corretas, com o risco de esquecer alunos com altas habilidades que não chegaram ao pódio, bem como não detetar as principais dificuldades dos alunos. A este respeito (Castillo & Cabrerizo, 2009) "medir é uma condição necessária para avaliar, mas não suficiente", pelo que avaliar é mais complexo, pois envolve uma interpretação das medidas referenciadas a uma série de critérios relacionados com os objectivos (Moreno, Penalosa & Cueto, 2016).

Daí a necessidade de estabelecer indicadores e critérios para as olimpíadas de matemática nas escolas da província do Huambo, em função das provas a serem aplicadas, que permitam identificar os alunos talentosos, vencedores ou não, de modo a dar-lhes uma atenção diferenciada para o seu progresso qualitativo em matemática. Os indicadores são assim propostos:

• Nas Olimpíadas intragrupo e intergrupo: será considerado talentoso o aluno que conseguir resolver pelo menos 75% dos problemas de Kempic eminentemente dedutivos e 50% dos problemas de Kempic eminentemente indutivos-dedutivos ou que conseguir resolver pelo menos 50% dos problemas de Kempic eminentemente dedutivos e 100% dos problemas de Kempic eminentemente indutivos-dedutivos.

• Nas olimpíadas inter-escolares do mesmo município e nas olimpíadas intermunicipais (provinciais): será considerado talentoso o aluno que conseguir resolver pelo menos 50% dos problemas oKmpicos eminentemente dedutivos e 75% dos problemas oKmpicos eminentemente indutivos-dedutivos ou, então, o aluno que conseguir resolver pelo menos 50% dos problemas oKmpicos eminentemente dedutivos e 100% dos problemas oKmpicos eminentemente indutivos-dedutivos.

Os indicadores e critérios de avaliação das provas da Olimpíada "Olimpíada de Matemática", constituem um instrumento valioso para os professores poderem ter juízos avaliativos, com uma apreciação globalizante para a seleção dos alunos talentosos, diagnosticar os participantes e estimular os seus resultados a partir da distribuição dos pontos.

Quanto aos critérios de avaliação, entendendo que a resolução de problemas matemáticos é um ato heurístico e não puramente algorítmico que envolve várias fases, (Callejo, 1996) citado por (Pons, 2017) conclui que a avaliação da aprendizagem dos alunos na resolução de problemas não se deve limitar à avaliação dos resultados ou ao ponto de chegada dos alunos, pois deve considerar também os processos de procura da solução do problema.

Considerando que as provas das olimpíadas, que combinam na sua estrutura problemas olímpicos eminentemente dedutivos e problemas olímpicos eminentemente indutivos-dedutivos, são instrumentos que emanam da avaliação, pois permitem obter dados sobre os conhecimentos e capacidades matemáticas que os alunos vão adquirindo na sua formação académica; Tendo ainda em conta que se trata de um processo de avaliação globalizante, ou seja, uma avaliação holística baseada num único instrumento, para avaliar a resolução de cada problema olímpico, o autor adopta uma matriz de avaliação para o contexto angolano de medida, que se apresenta no quadro seguinte:

DESCRIÇÃO		AVALIAÇÃO	
		Peso	Pontuação
Resolver o problema	Sem erros, demonstrando o domínio das competências necessárias para alcançar o resultado.	100%	
	Nos aspectos essenciais, cometer erros elementares de procedimento e/ou de cálculo,	80%	3,2
Resolve parcialmente o problema	Inclui no processo de resolução a maioria dos requisitos da tarefa original.	60%	2,4
	Inclui no processo de solução requisitos essenciais da tarefa original em correspondência com os erros de compreensão que manifesto na solução do problema.		1,6
Não resolve o problema,	Mas na tentativa de resolver o problema, evidencia o domínio dos conteúdos e das competências necessárias para chegar à solução correcta.	20%	0,8
	Nenhuma das situações acima se aplica	0	0

5. Os relatórios resultantes dos concursos de Matemática

A produção de relatórios permite controlar o processo de realização das Olimpíadas de Matemática. É a partir dos relatórios que se conhecerão algumas das dificuldades do PEA de Matemática nas escolas do Huambo e, com isso, conceber acções que levem à melhoria do DCM.

Assim, os júris de cada etapa da Olimpíada devem elaborar um relatório detalhando a participação dos concorrentes por sexo, idade e referindo os temas em que os alunos em geral têm maiores dificuldades, e anexar ao relatório o teste aplicado com as respectivas chaves.

Esses relatórios devem ser enviados aos coordenadores imediatos de Matemática de cada fase da Olimpíada, ou seja, o relatório das Olimpíadas intra-escolares e inter-escolares será enviado ao coordenador da disciplina de Matemática da escola e os relatórios das Olimpíadas inter-escolares (municipais) serão enviados ao coordenador provincial da disciplina de Matemática.

Os relatórios de cada etapa podem ser utilizados como base para a criação de uma revista que, por sua vez, pode servir de apoio à auto-preparação dos alunos que pretendam concorrer às olimpíadas de matemática. Para além disso, os relatórios incentivam os júris a garantir o rigor científico na preparação das provas das olimpíadas.

Analisando a importância do relatório como resultado da Olimpíada de Matemática, temos:

S Reflexão sobre o processo de resolução de problemas: Os relatórios permitem documentar e mostrar o processo seguido pelos participantes para resolver os problemas colocados nas Olimpíadas de Matemática. Isto proporciona uma visão detalhada e transparente da forma como os alunos aplicam diferentes estratégias, raciocínios e competências.

matemática na sua procura de soluções. Estes relatórios podem ser estudados por investigadores e educadores matemáticos para compreender melhor o pensamento e a abordagem dos problemas dos alunos concorrentes.

S *Análise e reflexão pós-competição:* Os relatórios são uma fonte de informação preciosa para a análise e reflexão pós-competição. Os responsáveis pelas Olimpíadas de Matemática podem utilizar os relatórios para avaliar e melhorar a qualidade dos problemas propostos, para detetar padrões de pensamento ou estratégias utilizadas pelos alunos e, em geral, para analisar os resultados e as tendências observadas nas soluções.

Feedback individualizado: As sessões de esclarecimento fornecem aos participantes feedback individualizado sobre o seu desempenho nas Olimpíadas de Matemática. Estes comentários são valiosos, uma vez que os alunos podem compreender onde as suas soluções estavam correctas, onde podem ter cometido erros e como podem melhorar em futuras competições ou desafios matemáticos.

S *Ferramenta de aprendizagem:* As estafetas servem este objetivo. Ao analisarem as soluções uns dos outros, os participantes aprendem diferentes abordagens, estratégias e métodos de resolução de problemas, o que incentiva a reflexão metacognitiva, o alargamento dos conhecimentos matemáticos e o desenvolvimento de competências críticas e criativas.

S *Promoção da comunicação e da colaboração:* Através das relatorias, os participantes podem comunicar, partilhar e discutir as suas ideias matemáticas. Isto promove a colaboração e a partilha de conhecimentos entre professores e participantes, criando uma comunidade matemática enriquecedora e motivadora. A comunicação eficaz em torno de soluções matemáticas facilita a construção conjunta de conhecimentos e o crescimento académico.

6. A atenção educativa diferenciada e a preparação dos alunos sobredotados para os concursos de matemática.

Em Angola, os concursos de matemática fazem parte das actividades extra-curriculares, uma vez que integram o calendário escolar do Subsistema de Ensino Geral, publicado anualmente através de um decreto executivo do Ministério da Educação. Isto significa que as actividades de preparação dos concorrentes, especialmente para os alunos sobredotados, são vistas no contexto de uma atenção educativa diferenciada.

No domínio dos concursos de matemática, a atenção educativa diferenciada implica a adaptação dos conteúdos, métodos e actividades de ensino às necessidades e capacidades dos alunos sobredotados.

A partir da abordagem da psicologia de Lev Vygotsky, a atenção educativa diferenciada e a preparação dos alunos sobredotados para os concursos de Matemática baseiam-se nos seguintes fundamentos teóricos e metodológicos:

Zona de Desenvolvimento Proximal (ZDP): Vygotsky propôs a ideia de Zona de Desenvolvimento Proximal, que se refere ao espaço entre o que um aluno consegue fazer de forma autónoma e o que consegue fazer com a ajuda de um adulto ou de um colega mais competente. No caso da atenção educativa diferenciada, o objetivo é identificar e proporcionar aos alunos sobredotados desafios e tarefas que se situem na sua ZDP, a fim de promover o seu crescimento e desenvolvimento matemáticos.

S *Scaffolding*: De acordo com o ZDP, o conceito de "scaffolding" consiste em fornecer apoio e orientação aos alunos à medida que estes realizam tarefas mais avançadas. Os alunos sobredotados recebem apoio estruturado e assistência de professores ou mentores especializados na preparação para as Olimpíadas de Matemática. À medida que os alunos adquirem competências e conhecimentos matemáticos adicionais, o andaime é gradualmente modificado e reduzido, permitindo-lhes desenvolver a sua autonomia.

J Aprendizagem em colaboração: Vygotsky sublinhou a aprendizagem social e a importância da interação entre pares no processo de aprendizagem. Numa atenção educativa diferenciada, os alunos sobredotados podem beneficiar da colaboração e do trabalho em equipa com outros alunos com capacidades semelhantes. Através da discussão e da resolução conjunta de problemas, os alunos sobredotados têm a oportunidade de partilhar e construir conhecimentos matemáticos de forma colaborativa.

J Mediação e ferramentas culturais: Vygotsky sublinhou o papel da mediação e das ferramentas culturais no desenvolvimento cognitivo. No caso da preparação de alunos sobredotados, são utilizados diferentes recursos e materiais para facilitar a sua aprendizagem e desenvolvimento em matemática. Isto pode incluir o acesso a livros e materiais avançados, a utilização de tecnologia para a aprendizagem e a apresentação de problemas matemáticos desafiantes e relevantes.

J *Utilização da linguagem e do diálogo*: Vygotsky sublinhou a importância da linguagem e do diálogo na aprendizagem. No ensino diferenciado, o diálogo e a comunicação ativa são incentivados entre os alunos e com os professores ou mentores, para que possam exprimir os seus pensamentos, partilhar ideias e receber feedback. A linguagem matemática e a discussão concetual facilitam a interiorização do conhecimento e o desenvolvimento de competências matemáticas mais sofisticadas.

Como já foi expresso, a preparação dos concorrentes não pode ser vista como um elemento isolado dentro do processo pedagógico no ambiente educativo, faz parte dele e mantém o carácter social da educação. Isto significa que este processo de preparação contribui para o desenvolvimento integral de todos os concorrentes, de uma forma dialética, onde o social e o individual estão ligados, onde se cria espaço para atender àqueles com capacidades elevadas, mas de acordo com o ideal do homem a ser formado e que se integra no seu contexto social de uma forma criativa.

A Matemática, como afirma Jungk (1979), deve desenvolver qualidades como: dedicação, constância, firmeza, perseverança, vontade de superar dificuldades, crítica e autocrítica e comportamento coletivo. Na preparação dos concurseiros, em particular, a incidência da motivação desempenha um papel fundamental nesse processo, pois o aluno, ao se deparar com exercícios e problemas que exigem um esforço maior, muitos se frustram por não conseguirem cumprir a tarefa como costumam fazer nos exercícios curriculares.

Neste sentido Bravo (s.d), segundo (Perez, 2014), afirma que a motivação é um importante recurso didático, que atua em favor da aprendizagem, pois aumenta a compreensão e potencializa o processo de estudo, confronta o aluno e proporciona eficácia ao ensino.

Geralmente, nos primeiros momentos da preparação dos concorrentes, esta é realizada sob a direção ou tutela do professor ou formador que o estimula e motiva, mas outros concorrentes de graus mais elevados também intervêm e fornecem ajuda através da sua experiência, até que num curto espaço de tempo atingem a independência necessária para a sua auto-preparação. Este facto revela também a essência em que a aprendizagem requer a transição da dependência para a independência e a autorregulação do sujeito, transformando-se a si próprio e influenciando o seu ambiente, uma vez que, estando em fases superiores de aprendizagem, também ajuda os outros.

No grupo de preparação, os concorrentes matemáticos trocam as suas experiências e os conhecimentos dos membros do grupo são enriquecidos na mesma medida em que se desenvolvem convicções e qualidades importantes da personalidade dos estudantes, sob a orientação dos formadores, que são responsáveis por modelar a preparação de cada concorrente matemático de acordo com as suas particularidades, com base no diagnóstico que têm dele.

O formador, por seu lado, para modelar a preparação de cada concorrente, tem de conseguir a unidade das funções didácticas, entrelaçando o antigo e o novo, segundo Klingberg (1978). Este processo de preparação em si é um processo de ensino-aprendizagem da Matemática, um processo didático, que se realiza geralmente num espaço de tempo fora ou dentro do currículo, em horário escolar ou não, onde os concorrentes recebem essa preparação.

A nível internacional, são identificadas três formas principais de desenvolver a preparação dos candidatos: segregação, aceleração e enriquecimento curricular.

De acordo com Lorenzo e M. Martmez (2009), a segregação pode manifestar-se de forma parcial ou total. A segregação parcial consiste em separar os concorrentes do grupo regular em determinados momentos, ou dias da semana, para interagirem com os pares em actividades especiais. Esta forma é uma das mais difundidas e viáveis de aplicar no caso particular de Angola, uma vez que o concorrente recebe a sua preparação num horário extracurricular.

Na segregação total, são criadas escolas ou salas de aula especiais. Nesta forma existe normalmente um formador ou uma equipa de formadores para levar a cabo o processo. Em Angola não existem centros deste tipo e ainda não estão criadas as condições para o seu desenvolvimento.

Os mesmos autores definem a aceleração como a organização de um programa, de uma disciplina ou de um ano de escolaridade de modo a que os concorrentes possam concluir um programa, uma disciplina ou um ano de escolaridade em menos tempo do que o tempo estipulado para os alunos médios. Isto implica a adaptação do currículo e a elaboração de planos especiais, uma vez que o tempo de ensino regular é reduzido para atingir os objectivos gerais do programa, da disciplina ou do ano de escolaridade e para receber uma preparação adicional nos conteúdos do concurso de matemática. Neste caso, o aluno pode ou não permanecer no seu grupo regular. O mesmo professor de Matemática que lecciona a disciplina pode ou não ser o treinador, dependendo do grau de aceleração.

Este modelo requer um elevado nível de preparação por parte do professor ou do formador. Nas condições angolanas, onde a maioria dos professores não tem formação adequada, é quase impossível acelerar o desempenho do concorrente.

O enriquecimento, por outro lado, consiste em manter o aluno no seu grupo habitual e em propor-lhe uma variedade de actividades para além do programa regular. Este último é o meio mais utilizado e aceite para estimular o seu desenvolvimento, uma vez que não implica qualquer risco psicológico para o aluno e é uma opção mais flexível. Tal como o modelo acelerado, exige um elevado nível de preparação dos professores.

Uma das concepções mais aceites de enriquecimento curricular é, segundo Apraiz (2002), o modelo de Renzulli, com os seus três níveis. O nível I inclui a proposta aos alunos de novos e interessantes tópicos, ideias e campos de conhecimento, adicionais ao currículo regular. O nível II consiste em propor actividades que desenvolvam o pensamento crítico e criativo para resolver problemas; competências de aprendizagem, como classificar, analisar dados ou tirar conclusões; competências na utilização de fontes bibliográficas; competências de comunicação oral. O nível III consiste em desenvolver investigações sobre problemas reais, individualmente ou em pequenos grupos. O objetivo é conseguir a aplicação de conhecimentos, criatividade e motivação para um tema livre e adquirir conhecimentos e métodos de nível superior num domínio específico.

Nas formas de preparação em que predomina o enriquecimento curricular, M. D^az (2009) propõe também uma segregação parcial na preparação dos concorrentes de Matemática. Por outro lado, M. Martmez (2009), avalia um elemento de vital importância, a possibilidade de utilizar as três formas de preparação de alunos talentosos de forma concatenada. Em seus respectivos artigos, D. Castellanos e C. Vera (2009);

Lorenzo e M. Martmez (2009); M. Martmez (2009); e M. D^az (2009), referem que os questionários de conhecimentos são meios eficazes para os preparar. Apenas M. D^az (2009) refere a necessidade de avaliar periodicamente os seus conhecimentos, de forma a consolidar a ideia de competição entre os alunos do grupo. Este autor defende a importância da preparação na elaboração e resolução autónoma de problemas por parte dos concorrentes.

Nas condições de Angola, a forma como se processa a preparação dos concorrentes é a segregação parcial, uma vez que os concorrentes serão separados do grupo regular em determinados momentos e dias da semana, para interagirem com o treinador e outros colegas. Isto pode ser feito desde o nível da sala de aula até qualquer um dos níveis competitivos como um processo seletivo, embora ao nível da sala de aula, o enriquecimento curricular seja evidente principalmente nos níveis I e II.

Segue-se uma recomendação dos agentes educativos encarregados da preparação dos alunos em cada fase do concurso "Olimpíada da Matemática".

• Nas Olimpíadas intra e inter-grupos, a atenção e preparação diferenciada dos alunos deve ser realizada pelos professores que leccionam nos respectivos grupos, ou seja, no âmbito das actividades curriculares e extra-curriculares. A este respeito (Palacios, 2006) refere que:

"A importância da identificação no domínio educativo é muito significativa, uma vez que nos permite detetar atempadamente os talentos ou potencialidades específicas dos alunos e, assim, poder responder às suas necessidades educativas especiais. Neste processo, o professor é uma fonte valiosa de informação".

• Na olimpíada inter-escolar (municipal), caberá à coordenação de matemática do município indicar os professores que se encarregarão da preparação dos vencedores desta fase com vista a um bom desempenho na fase seguinte. Na ausência de um professor versado na formação para olimpíadas, esta função deve ser desempenhada pelos professores cujos alunos venceram esta fase, pois têm a vantagem de conhecer muitas das potencialidades dos alunos e os aspectos em que se devem concentrar.

• Nas olimpíadas provinciais, cabe ao gabinete de coordenação provincial de matemática nomear professores para preparar os vencedores desta fase para a fase seguinte. Por outro lado, na ausência de um professor com experiência no treino de olimpíadas, esta função deve ser desempenhada pelos professores cujos alunos foram os vencedores desta fase.

É importante salientar que os talentos identificados, mesmo que não sejam vencedores numa determinada fase do concurso, devem continuar e merecer uma atenção diferenciada no meio académico por parte dos seus respectivos professores, pois estes alunos continuam a ser talentos dentro do seu contexto (Villarraga, Martmez e Benavides, 2004) revelam que:

"O talento tem um carácter evolutivo no sentido em que não só o talento real de um indivíduo é relevante, mas também o talento potencial é fundamental, pois a partir deste é possível fazer intervenções para fomentar e desenvolver o talento".

Nos casos em que o gabinete de coordenação de matemática indica professores para preparar os alunos para a fase seguinte da Olimpíada, a seleção deve ser feita por professores experientes. A este respeito, (Feldhusen, 1997) citado por (Conejeros Solar, Gomez Arizaga e Osorio, 2011), defende que o professor de altas capacidades deve ter algumas das mesmas características e competências dos seus alunos sobredotados e, nesta linha, indica que os professores que trabalham com alunos sobredotados devem também ter competências e conhecimentos especiais relativamente às características particulares destas crianças que facilitem o seu desenvolvimento pessoal, social e académico.

Os formadores de professores de alunos sobredotados devem ter as seguintes características

S Domínio da matemática: Os professores que formam os alunos para os concursos de matemática devem ter um amplo domínio dos conceitos matemáticos. Devem ter um conhecimento profundo da teoria e estar familiarizados com as diferentes abordagens e técnicas utilizadas nos concursos de perguntas e respostas.

S Experiência em concursos: Se possível, seria vantajoso que os professores tivessem uma experiência prévia em concursos de matemática, nomeadamente no ensino secundário ou na sua formação profissional, sem fazer exigências quanto à qualidade dos seus resultados. Isto permite-lhes, sem dúvida, compreender as particularidades dos problemas e as estratégias utilizadas para os resolver. A experiência adquirida em concursos anteriores ajuda-os a dar orientações e conselhos práticos aos estudantes.

Capacidade de ensinar estratégias: Os professores devem ser capazes de ensinar aos alunos as estratégias e técnicas de resolução de problemas previstas para os concursos de matemática. Isto implica ensiná-los a analisar e a decompor problemas difíceis em etapas mais pequenas, a identificar padrões e a aplicar conceitos matemáticos de forma criativa. Em suma, ensinar-lhes a utilizar regras, estratégias e princípios heurísticos.

S *Motivação e entusiasmo:* Os professores que formam os alunos para concursos de matemática devem ser motivadores e entusiastas. Devem ser capazes de inspirar os alunos, gerar curiosidade sobre os desafios matemáticos e promover um ambiente de aprendizagem positivo.

S *Competências de comunicação:* É importante que os professores sejam capazes de comunicar clara e eficazmente com os alunos. Devem ser capazes de explicar os conceitos matemáticos de uma forma compreensível e estabelecer uma boa relação com os alunos para estimular a sua participação e confiança.

J *Flexibilidade e adaptabilidade:* Cada aluno é diferente, pelo que os professores devem ser flexíveis e adaptar a sua abordagem pedagógica às necessidades individuais de cada aluno. Devem ser capazes de identificar os pontos fortes e fracos de cada aluno e personalizar a formação em conformidade.

Relativamente aos aspectos que devem ser considerados nos currículos para alunos sobredotados, Feldhusen e Wyman citados por (Pacheco Urbina, 2001) apresentam os seus critérios de necessidades básicas, que serão tidos em conta no tratamento dos talentos matemáticos identificados a partir das olimpíadas no Ensino Secundário Angolano:

J Realização máxima das competências e conceitos de base.

J Actividades de aprendizagem a um nível e ritmo adequados.

J Experiências de pensamento criativo e de resolução de problemas.

J Desenvolvimento de competências convergentes, nomeadamente a dedução lógica e a resolução de problemas.

J Estimulação da imaginação e das capacidades espaciais.

J Desenvolvimento da auto-consciência e aceitação das próprias capacidades, interesses e necessidades.

J Incentivo à prossecução de objectivos e aspirações de alto nível.

J Desenvolvimento da independência, da auto-direção e da disciplina na aprendizagem.

J Experiências de interação com outros estudantes intelectualmente, artisticamente e eficazmente altamente qualificados, criativos e talentosos.

J Extensas fontes de informação sobre vários temas.

J Acesso e estímulo à leitura.

No caso das medalhas olímpicas (ouro, prata ou bronze), sugere-se que estas sejam atribuídas apenas aos vencedores talentosos, consoante fiquem em primeiro, segundo ou terceiro lugar. Esta medida pode incentivar os vencedores sem medalha a prepararem-se melhor para a fase seguinte da Olimpíada.

Os outros prémios devem ser de molde a contribuir para o desenvolvimento intelectual dos vencedores.

Por outro lado, em cada fase da Olimpíada, os treinadores devem proporcionar aos vencedores um treino com maior ênfase nos problemas de tipo olímpico, com vista a um bom desempenho na fase seguinte, onde o peso deste tipo de exercício é maior.

CAPÍTULO 5

Desafios e mudanças necessárias para melhorar o desempenho nos concursos de matemática

A experiência de ensino do autor na preparação dos coordenadores da disciplina de Matemática para os concursos e 12 anos de trabalho docente na província do Huambo, permitiu-lhe considerar os seguintes desafios para melhorar o desempenho da província nas Olimpíadas de Matemática:

> O aperfeiçoamento constante dos professores *nos aspectos didácticos que servem de base à materialização dos objectivos do concurso nacional "Olimpíadas da Matemática"*. Desenvolver nos professores:

• Competências para a conceção de métodos de ensino eficazes na condução da formação dos alunos concorrentes, que é um processo de ensino-aprendizagem da Matemática.

• Competências para avaliar os concorrentes dos alunos (estrutura dos testes, tipos de problemas e critérios de avaliação).

> Atualização profissional contínua dos professores, uma vez que as olimpíadas são um elemento que favorece a melhoria dos sistemas educativos, na medida em que implicam uma atualização permanente dos conhecimentos dos professores, uma procura de novos problemas e métodos para adaptar novos conteúdos mais atractivos aos planos existentes.

> Permitir que os professores com elevadas competências no ensino da matemática possam contribuir com os seus conhecimentos para a coordenação desta disciplina escolar, sem qualquer tipo de exclusão. É necessário utilizar adequadamente os recursos humanos, fazendo um maior esforço nas tarefas educativas, e utilizar os avanços científicos e tecnológicos de que dispomos, bem como que as autoridades reconsiderem a sua visão partidária nos cargos de direção da atividade docente.

> A projeção e o desenvolvimento a partir da escola de um sistema de formação diferenciado para os alunos que desejam participar no concurso de matemática do ensino secundário na província do Huambo.

> Desenvolver um movimento de promoção e motivação para a matemática como manifestação cultural, formando grupos de "Amigos da Matemática" interessados em aprofundar seus conhecimentos matemáticos e sua participação em concursos, para o que se deve buscar apoio de diferentes formas, envolvendo gestores, professores, alunos, pais, imprensa, redes sociais e outras instituições, apoio este que deve ser de acompanhamento, apoio moral e estímulos materiais.

> Outro desafio fundamental é o baixo apoio do governo ao sector da educação. É de extrema importância que as dotações de Angola para a educação sejam aumentadas para os 20% estipulados nos seus compromissos internacionais, para que o país possa atingir o 4º Objetivo de Desenvolvimento Sustentável, o da "Educação de Qualidade".

Bibliografia

André, M. A. C. D, (2016): *La superacion profesional del docente en tratamiento metodologico del contenido matematico.* Tese em Opcion al Grado Cientifico de Doctor en Ciencias Pedagogicas en Universidad Central "Marta Abreu" de las Villas, Santa Clara - Cuba.

Angola. Instituto Nacional de Investiga^ao e Desenvolvimento da Educagao, (2013). *Curriculo do 2° Ciclo do Ensino Secundario Geral.*

Angola. Instituto Nacional de Investiga^ao e Desenvolvimento da Educagao, (2013). *Cumulo do 1° Ciclo do Ensino Secundario.*

Angola. Lei n° 13/01 de 31 de dezembro de 2001. *Lei de Bases do Sistema de Educação.*

Angola. Lei n° 17/16, de 7 de outubro de 2016. *Lei de Bases do Sistema de Educao e Ensino de Angola.*

Angola. Lei n° 32/20, de 12 de agosto de 2020. Lei que altera a Lei n° 17/16 de 7 de outubro - *Lei de Bases do Sistema de Educação e Ensino.*

Angola. Ministério da Economia e Planeamento (2018). *Plano de Nacional de Desenvolvimento 2018 - 2022.*

Angola. Ministerio da Educacao (2018). *Estatuto da Carreira dos Agentes de Educacao.* Decreto Presidencial n°. 160/18 de 3 de julho. Imprensa Nacional.

Angola. Ministerio da Educacao (2018). *Regulamento das Olimpiadas de Matematica.* Decreto Executivo n°. 03/18 de 15 de maio.

Angola. Ministerio da Educacao (2021). *Regime juridico do exercicio do cargo de direccao e chefia em instituigoes de Educacao Pre-escolar, Ensino Primario e Secundario.* Decreto Presidencial n°.93/21 de 16 de abril.

Apraiz de Elorza, J. (2002). *A educação do aluno com altas capacidades.*

Azcarate, P. (2006). *Propostas alternativas de avaliação na sala de aula de matemática.* Em J.M. Chamoso (Ed.), Enfoques actuales en la didactica de las Matematicas. Madrid: MEC, Coleccion Aulas de Verano, 2006, p. 187-219.

Ballester Pedroso, S et al. (1992). *Metodologia de la Ensenanza de la Matematica Tomo I.* Cuba. Editorial Pueblo y Educacion

Ballester Pedroso, S. G. (2018). *Didática de la Matematica.* Havana: Felix Varela.

Caceres, S. G. C.; Reyes, L. I. M. & Hofmann, G. O (2016). *Avaliação formativa em Matemática. Estratégias e instrumentos.*

Caimbo, N. G. (2013). *Conceção científica para a gestão pedagógica e didática do processo de ensino-aprendizagem na Universidade de Lueji A 'nkonde da República de Angola* (Tese de doutoramento). Universidade de Pinar del Rfo, Cuba.

Cameira, A. F. P., Rodriguez, J. M. R., Garda, G. G. (2018). *Desenvolvimento profissional e formagao continua de professores: uma analise do contexto da educagao em Angola.* INNOEDUCA. International Journal of Jechnology and Educational Innovation Vol. 4. no. 1. junho 2018 pp. 71-78.

Carazo A, Norberto J.; Carazo A., Alfredo B. (2016): *Formação de professores para competições de matemática no ensino secundário.* Atenas, vol. 3, num. 35, 2016 Universidade de Matanzas Camilo Cienfuegos, Cuba.

Cardoso, E. (2012). *Problemas e Desafios na Formao Inicial de Professores em Angola. Um estudo nos ISCED da Regiao Academica II* (Tese de Doutoramento). Universidade de Minho, Minho, Portugal.

Cassinda, L. (2014). *La superacion didactica de los profesores para la formacion de habilidades cientificas investigativas en los estudiantes del segundo ciclo de la ensenanza secundaria en Huambo, Angola* (Tese de doutoramento), UCPEJV, Havana.

Castellanos Simons, D., e Vera Salazar, C. (2009). *Intervenção educativa para o* desenvolvimento do talento na escola. Em D. Castellanos Simons (Comp.). Talento: concepciones y estrategias para su desarrollo en el contexto escolar (pp. 83102). Havana: Pueblo y Educacion.

Castillo, S. & Cabrerizo, J. (2009). Evaluacion educativa de aprendizajes y competencias. Espanha.

Castro Escarra, Olga (1997). Fundamentos teóricos e metodológicos do Sistema de Superação do Pessoal Docente do Ministério da Educação, (Tesis de Maestria en Educacion Avanzada), ISPJV, La Habana, Cuba.

Conejeros-Solar, M. L., Gomez-Arizaga, M. P., Osorio, E. D. (2011). Perfil docente para alunos com altas habilidades. Magis. Revista Internacional de Investigação em Educação, vol. 5, num. 11, janeiro-junho, 2013, pp. 393 - 411. Pontificia Universidad Javeriana Bogotá, Colômbia.

Crespo Hurtado, E. T. (2007): Modelo didático sustentado na heurística para o processo de aprendizagem da Matemática assistida por computador. [Tese de doutoramento, Universidade Pedagógica "Felix Varela"].

Cruz, M. (2006). La ensenanza de la matematica a traves de la resolución de problemas (Vol. 1). Instituto Superior Pedagógico "Jose de la Luz y Caballero", Havana, Cuba.

Chiumbo Paiva, J., Crespo Hurtado, E., Lopez Fernandez, R., Crespo Borges, T. (2020). Concursos de matemática na província do Huambo: um modelo pedagógico para o seu desenvolvimento. Revista Conrado, 16(S 1), pp. 249-255.

Chiumbo Paiva, J., Lopez Fernandez, R., & Crespo Hurtado, E. (2023). Proposta de uma estrutura geral e criterios de avaliaqao para as provas dos Concursos de Matematica na provincia do Huambo. Revista Conrado, 19(S1), 129-136.

Da Costa, R. M., & Kunjiquisse, J. A. (2012). Sistema de aperfeiçoamento pedagógico para a valorização do desempenho pedagógico profissional dos docentes dos Centros de Ensino Superior no Huambo" - Angola. Congresso Universitário, Vol. I, No. 3, ISSN: 2306-918X., 395-415.

De Almeida, J. F. (2015). Estratégia de aperfeiçoamento profissional pedagógico em resolução de problemas matemáticos para os Institutos Médios Industriais de Angola (Tese de Doutoramento), ICCP, Havana.

Delgado, N. (2009). A preparação de professores para trabalhar com alunos que frequentam as olimpíadas nacionais de química. Congresso Internacional de Pedagogia. Havana.

D^az Gonzalez, M. (2002, maio). A preparação de alunos talentosos em Matemática em Cuba. Encontro com alunos e professores do Centro Nacional de Formação. Havana, Cuba.

D^az Gonzalez, M. (2009). Atenção aos alunos sobredotados na disciplina de Matemática. Algumas notas. Em D. Castellanos Simons (Comp.) Talento: concepciones y estrategias para su desarrollo en el contexto escolar (pp. 1972-10). Havana: Pueblo y Educacion.

Principals Making School, Michailuk, M. C. & Nicodemo, M. (2015). La evaluación en el área de matematica. Claves y Criterios. Nivel Secundario. OEI, Buenos Aires.

Drago, C. (2017). Manual de Apoio ao Docente. Evaluacion para el Aprendizaje. Chile.

Escobar, G. (2000). Acciones de superacion para capacitar a profesores de matematica del nivel medio, en la ejecución del entrenamiento de los concursos estudiantiles. Tese de mestrado não publicada. Santa Clara: Universidade de Ciências Pedagógicas "Felix Varela".

Espinosa, F. O. (2005). Estrategia de Capacitacion para profesores de preuniversitarios, en funcion del desarrollo de talentos matematicos. [Tese de Mestrado, Universidad de Matanzas Camilo Cienfuegos].

Fernandes, A. S. (2021). Resolugao de problemas olimpicos envolvendo analise combinatoria e probabilidade atraves da Metodologia de Polya.

Gangula, E. W., Faustino, A. (2018). Dilema da formagao matematica em Angola: falta de iniciativas proprias ou de compromisso com a qualidade de ensino? Revista Actualidades

Investigativas em Educação. Volume 18, n° 3, pp. 1 - 22.

Garcia, F, F. (1997). *Avaliação de competências em Álgebra Elementar através de problemas verbais.* [Tese de Doutoramento, Universidade de Granada, Espanha].

Gonzalez, Z. (2007). *La preparacion del maestro de la escuela primaria para la realizacion efectiva del diagnostico integral del escolar. (*Tese de doutoramento) Universidad de Ciencias Pedagogicas "Felix Varela". Villa Clara, Cuba.

Haydt, R. C. C. (2011). *Curso de Didática Geral.* Sao Paulo. Editora Atica.

Ibanez, C. M. A. & Boada, M. J. A. (2016). *Evaluacion En Matematicas. Una Propuesta Basada en Competencias para el Colegio de Bachillerato Patria.* Colombia.

Jimenez, D., Gonzalez, J., & Tornel, M. (2018). *Formacion del profesorado universitario en metodologias y su incidencia en el aula. Estudos Pedagógicos XLIV.*

Juliao, A. L. (2020). *Formagao de professores, ensino primario e qualidade educativa em Angola: vazios e pontes na relagao.* Revista Internacional de Formagao de Professores (RIFP), Itapetininga, v. 5, e 020002, p. 1-20.

Jungk, Werner (1979). *Conferências sobre metodologia de la ensenanza de la Matematica I.* Pueblo y Educacion, Havana.

Junior, M. P. O., Pinheiro, H. M., Barreto, W. D. L. (2022). *Um estudo de caso sobre a aplicagao das tecnicas de soluugao de problemas de Olimpiadas de Matematica para a melhoria do ensino da disciplina.* Investigação, Sociedade e Desenvolvimento, 11(6), e53611629295, 2022 (CC BY 4.0).

Klingberg, L. (1978). *Introduccion a la Didactica General.* Havana: Editorial Pueblo y Educacion.

Liberato, E. (2014). *Avanos e retrocessos da Educao em Angola.* Revista Brasileira de Educa?o, 19(59) , Out. - Dez 2014, pp. 1003 - 1031.

Lorenzo Gartia, R. e Martinez Llantada, M. (2009). *Polémicas em torno do desenvolvimento do talento. Em D. Castellanos Simons (Comp.) Talento: concepciones y estrategias para su desarrollo en el contexto escolar* (pp. 17-28). Havana: Pueblo y Educacion.

Lorenzo Gartia, R. e Martinez Llantada, M. (2009). *Polémicas em torno do desenvolvimento do talento. Em D. Castellanos Simons (Comp.) Talento: concepciones y estrategias para su desarrollo en el contexto escolar (pp. 17-28).* Havana: Pueblo y Educacion.

Llivina Lavigne, M. J. (1999). *Una Propuesta Metodologica para contribuir al desarrollo de la capacidad para resolver problemas matematicos.* Tese de doutoramento, Universidade Pedagógica "Enrique Jose Varona", Havana. Cuba.

Martinez Llantada, M. (2009). *Análise epistemológica da criatividade. Em M. Martinez Llantada e A. Guanche Martinez (Eds.). O desenvolvimento da criatividade. Teona y practica en la educacion* (pp. 33- 52). Havana: Pueblo y Educacion.

Masero Moreno I. C., Camacho Penalosa E. & Vazquez Cueto J. (2018). *Como avaliar conhecimentos e habilidades na resolução de problemas matemáticos no contexto económico através de rubricas?* Revista Eletrónica Interuniversitária de Formação do Professor, 21(1), 51 - 64.

M^guez, A. (2003). *Exemplos, exercícios, problemas e perguntas em actividades de aprendizagem da matemática. In: Revista Educacion y Pedagog^a.* Medellin: Universidade de Antioquia, Faculdade de Educação. Vol. XV, No. 35, (janeiro-abril), 2003. pp. 143 -149.

Nieto, L. J. B., Lizarazo, J. A. C & Carrasco, A. C., (2015). *Resolução de problemas de matemática na formação inicial de professores do ensino primário.* Espanha.

OBMEP (2017). *ª13 Olimpada Brasileira de Matemática das Escolas Públicas.*

OPM (2016). *Olimp^adas Portuguesas de Matematica, XXXIV edigao.*

Pacheco Urbina, V. M. (2001). *O desenvolvimento do talento excecional em alunos adolescentes. Revista Educacion, 25(1), 123-135.*

Paiva, J., Crespo, E., & Borges, T. (2023). *Preparagao de professores para a realizagao dos* concursos de Matematica na provincia do Huambo. *RAC: revista angolana de ciencias. 5*(1) e050104. https://doi.org/10.54580/R0501.04

Perez Almarales, E. M. (2015). *Estrategia didática para la preparación de concursantes en Matematica de la educacion preuniversitaria sobre la base de la gestion de conocimiento.* Havana: Universitaria.

PNUD - Angola (2002). *Os desafios pós-guerra.*

Pons, J. M. V. (2017). *Competência matemática. Caracterização das actividades de aprendizagem e avaliação na resolução de problemas no ensino obrigatório.* [Tese de doutoramento, Universitat Autonoma de Barcelon, Espanha].

Portugal. Ministerio da Educa^ao e Ciencia (2013). Programas e Metas Curriculares de Matematica A - Ensino Secundario.

Ramos Palacios, L. A. (2006). *Una estrategia metodologica para desarrollar olimpiadas de Matematicas en el nivel medio del sistema educativo hondureno* (Dissertação de Mestrado). Universidade Pedagógica Nacional "Francisco Morazán".

Rodriguez, L. (2004). *Identificação e avaliação de crianças com talento.* In, M. Benavides, A. Maz Machado, E. Castro Martinez, M. R. Blanco Guijarro (Coord), La Educacion de ninos con talento en Iberoamerica (pp. 37-47). UNESCO Publishing.

Sanchez, L., Lara, L., Bravo, G., & Navales, M. (2015). *Auto-preparação e reflexão sobre a prática docente: um binómio indispensável na formação pedagógica dos professores universitários.* Revista de cooperacion.com, ISSN 23081953, número 7 - junho.

Santos, L. M. (2014). *Resolução de problemas matemáticos. Fundamentos cognitivos.* México. Editorial Trillas.

Sierra, Y. C. (2013). *Preparando professores para liderar o processo de ensino-aprendizagem usando níveis de assimilação.* Edumecentro, 5(2), 95-107.

Susana ,m. A & Jhonny a. A. (2014). *Talento matematico y su atención en el Ecuador.*

Vazquez, L. (2002). La preparación para los concursos de conocimiento y habilidades de F^sica en bachillerato a la luz de la educacion para la diversidad. I *Conferencia Nacional de Educacion para la Diversidad a las puestas del Siglo XXI.* Camaguey: Universidade de Ciências Pedagógicas "Jose MarU".

Villarraga, M. E., & Martinez, P. (2004). *Para a definição do termo talento.* In, M. Benavides, A. Maz Machado, E. Castro Martinez, & M. R. Blanco Guijarro (Coord), La Educacion de ninos con talento en Iberoamerica (pp. 25-35). UNESCO Publishing.

yes
I want morebooks!

Buy your books fast and straightforward online - at one of world's fastest growing online book stores! Environmentally sound due to Print-on-Demand technologies.

Buy your books online at
www.morebooks.shop

Compre os seus livros mais rápido e diretamente na internet, em uma das livrarias on-line com o maior crescimento no mundo! Produção que protege o meio ambiente através das tecnologias de impressão sob demanda.

Compre os seus livros on-line em
www.morebooks.shop

Printed by Books on Demand GmbH, Norderstedt / Germany